CODING

Scratch 3.0 青少年游戏设计趣味详解

戴凤智　尹 迪　袁亚圣　编著

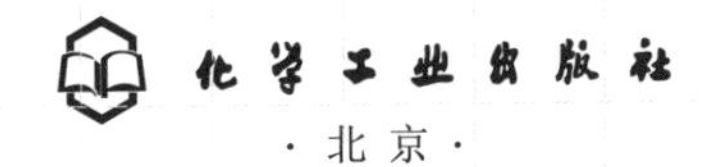

化学工业出版社
·北京·

内容简介

本书为青少年学习Scratch编程提供指导。全书共分为8章，第1～2章介绍Scratch的特色与安装方法以及一些基本概念和操作；第3章讲解4个入门级的游戏设计；第4～5章将Scratch与数学联系起来，介绍鸡兔同笼问题和阶乘的计算，以及绘制各种图形的脚本；第6章讲解两个稍微复杂的情景展示游戏；第7章介绍体感游戏，在设计切西瓜的游戏中进一步体验Scratch编程的魅力；第8章讲解如何利用Scratch控制乐高机器人做体操。

本书适合青少年朋友自学或在家长和老师的指导下学习，也可以作为学校相关专业辅导教材。

图书在版编目（CIP）数据

Scratch3.0青少年游戏设计趣味详解 / 戴凤智，尹迪，袁亚圣编著. -- 北京 : 化学工业出版社，2024. 7
ISBN 978-7-122-45513-0

Ⅰ. ①S… Ⅱ. ①戴…②尹…③袁… Ⅲ. ①程序设计-青少年读物 Ⅳ. ①TP311. 1-49

中国国家版本馆CIP数据核字（2024）第084127号

责任编辑：宋　辉　于成成　　　文字编辑：李亚楠　温潇潇
责任校对：李雨函　　　装帧设计：王晓宇

出版发行：化学工业出版社
（北京市东城区青年湖南街13号　邮政编码100011）
印　　装：天津市银博印刷集团有限公司
710mm×1000mm　1/16　印张12½　字数179千字
2024年10月北京第1版第1次印刷

购书咨询：010-64518888　　　售后服务：010-64518899
网　　址：http://www.cip.com.cn
凡购买本书，如有缺损质量问题，本社销售中心负责调换。

定　　价：68.00元　

前言

这是我们编写的青少年学习Scratch编程系列图书中的一本。在今天这个科技飞速发展的时代，培养孩子的逻辑思维能力、创造力、想象力和表达能力至关重要，而学习编程是培养这些能力的有效途径。在编写程序的过程中寻找乐趣，进而培养兴趣爱好并提高能力与素质，这就是我们编写本书的目的。

党的二十大报告提出“深入实施人才强国战略”，指出“培养造就大批德才兼备的高素质人才，是国家和民族长远发展大计”，要求“实施科教兴国战略，强化现代化建设人才支撑”，“开辟发展新领域新赛道，不断塑造发展新动能新优势”。

编程已经不仅仅是一种专业技能，它越来越成为一种基础能力。人工智能、机器人、无人机配送、无人超市、云课堂、云计算等技术的快速发展和普及，正不断改变着我们的生活方式。这些前沿技术的实现和应用无一不依赖于编程，因此，掌握编程知识在未来将变得尤为关键。这一趋势也对青少年教育带来了新的要求和挑战。

我们知道，有意识地自发学习是锻炼能力和素质的开始。从制作简单的游戏起步，逐渐增加游戏的难度和趣味性，使游戏效果更加精彩，并将游戏分享给其他小朋友，这都是在锻炼孩子的创意思维、表达能力和逻辑能力。因此本书希望引导读者将复杂问题逐渐拆分成更好理解的小问题，再到解决问题，从思维能力迁移到计算问题，从编程的虚拟世界迁移到真实的世界。

全书共分为8章。第1 ~ 2章分别介绍Scratch 3.0的特色与安装、一些基本概念和操作。第3章讲解了4个入门级的游戏设计，分别是乐队演奏、迷宫探险、打地鼠和海底两万里，循序渐进地将编程渗透在趣味的游戏中。第4 ~ 5章将Scratch与数学联系起来，介绍游戏的同时讲解鸡兔同笼问题和阶乘的计算，以及绘制各种图形的脚本的开发。让读者真正做到在玩中学习，发现利用游戏来学习数学的乐趣。第6章介绍2个稍微复杂的情景展示游戏，分别是走马灯和车窗外面的世界，可以让读者学习如何将现实世界中看到的景象利用Scratch编程展现出来。第7章是体感游戏，让读者在玩切西瓜的游戏中进一步体验Scratch编程的魅力。第8章讲解如何利用Scratch编程控制乐高机器人做体操，将虚拟的编程互动移植到乐高机器人中，实现虚拟与真实的连接。

本书是在中国自动化学会普及工作委员会、中国仿真学会机器人系统仿真专业委员会和天津市机器人学会的指导下完成的。天津科技大学戴凤智人工智能与机器人教材编写团队成员牛弘、孔研自、李芳艳、戴朗熙、刘岩、白瑞峰等参与本书的编写和整理。天津大学2022—2023年新工科新形态教学资源建设项目（玩转科技劳动实践）、匠人芯（天津）智能科技有限责任公司王秋娟、北京优游宝贝教育咨询有限公司李慕、动力猫教育咨询有限公司王伟等也对本书提供了技术和实践上的支持，在此表示感谢。

本书的实例在学习难度上由浅入深，让没有编程基础的家长朋友也能轻松地辅导孩子并和孩子一起学习、进步。也建议读者朋友们对书中的游戏程序进行修改完善，在升级游戏的同时提升自己的编程能力。

书中主要程序在出版社平台：“www.cip.com.cn/服务/资源下载”，搜索本书即可下载。如对本书有任何意见和建议，请通过电子邮件daifz@163.com联系我们。由于编者水平有限，本书难免存在不足之处，恳请广大读者批评指正。

编著者

Scratch 3.0 CODING

目录

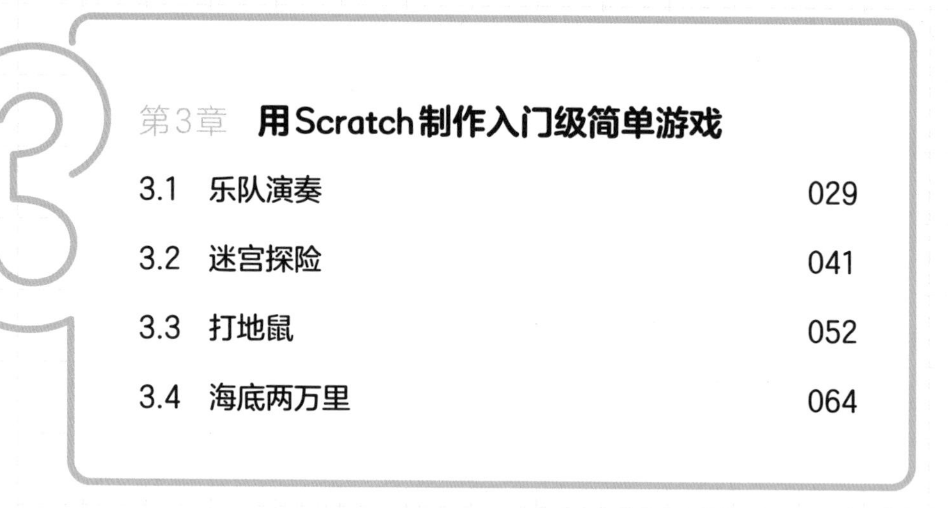

第3章 **用Scratch制作入门级简单游戏**

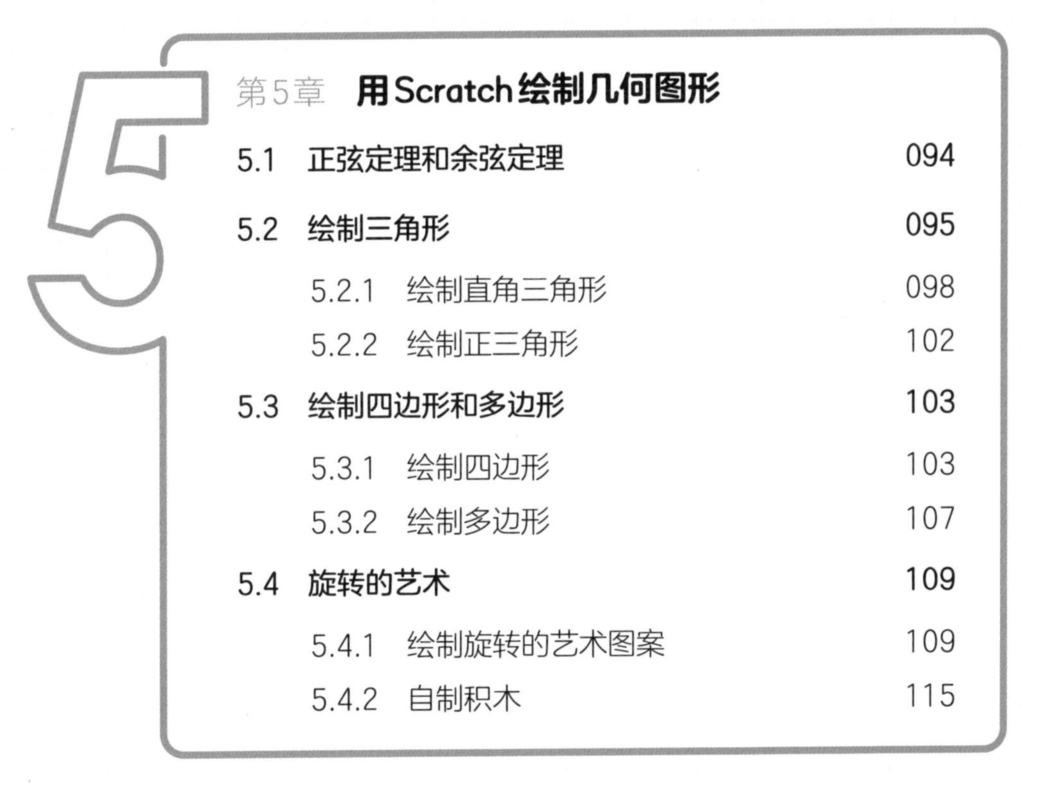

第 1 章
Scratch 软件介绍

Scratch
3.0
CODING

1.1 数学与编程

我们都知道数学是一门工具性很强的基础科学，它与别的学科比较起来还具有较高的抽象性。随着人工智能飞速的发展和计算机运算性能飞跃性的提升，通过计算机逐步将高深的数学理论应用到实际中来，十分有效地解决了许多实际问题。

1.1.1 数学和编程的关系

计算机编程和数学，从本质上来说它们之间的联系是非常紧密的。数学是理论，编程是使用理论的工具。通过学习编程是能够反过来促进数学学习的。更准确地说，就是在学习编程知识的同时，也能对数学概念产生更直观的理解。

软件编程是基于数学模型基础之上的，所以数学是计算机的基础。软件编程中不仅许多理论是用数学描述的，而且许多技术也是用数学描述的。从计算机各种应用的程序设计方面考察，任何一个程序对应的计算方法首先都必须是构造性的，包含很多数据，这些都体现在算法和程序之中。

此外，从学科特点和学科方法论的角度考察，软件编程的思想基础是数学思维，特别是数学中以代数、逻辑为代表的离散数学，而程序技术和电子技术仅仅是计算机科学与技术学科的产品或实现的一种技术表现形式。

让孩子接触编程，无疑是培养孩子逻辑思维能力、创造力、想象力和表达能力的有效途径。孩子在学习编程知识的同时培养自己的逻辑思维能力、试错能力、专注能力和动手解决问题的能力。

1.1.2 Scratch的编程优势

目前有多种多样的面向青少年的编程课程和教具，主要包括机器人编程和Scratch编程这两种。接下来我们将它们对比一下（如图1-1所示是机器人编程和Scratch编程的对比）。

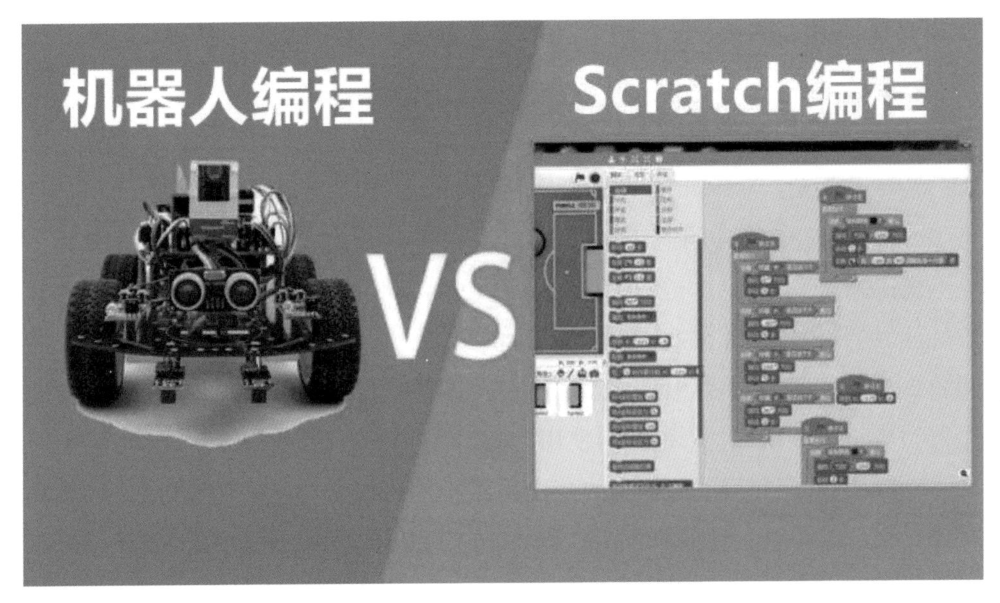

图1-1　机器人编程和Scratch编程

入门级的机器人编程依靠简单的图形化界面，类似于Scratch但会比Scratch更容易一些。将程序指令通过图形化编程界面传递给搭建的机器人后就可以让机器人动起来。但是它的学习范围受限于所选择的机器人，一般都需要使用生产厂家自带的操作程序，这些程序有的对其他机器人并不兼容。

相比较而言，为什么Scratch编程会如此受欢迎呢？首先是因为Scratch的操作并不复杂，孩子们只需要使用鼠标拖动相应模块到程序编辑栏后，再进行部分参数的设定就可以完成程序或者实现一段动画，甚至自己设计一个小游戏。此外Scratch编程具有以下几个优势：

① 不需要编程基础，适用于初次学习编程语言的孩子。

② 为喜爱绘画的孩子提供了角色绘制的设计功能。

③ 通过使用Scratch，让学生在动画、游戏设计过程中逐渐形成逻辑分析、独立思考创新的思维方式，学会提出问题、解决问题。

④ 非常直观，孩子们能比较容易地看到自己的劳动成果。

⑤ 在学会Scratch编程基础之后，可以直接控制兼容的自己搭建起来的实体机器人。

1.2 Scratch 3.0

2019年年初，Scratch团队正式发布Scratch 3.0，能够支持在电脑、手机、平板等各种终端设备上使用。

Scratch从1.0到2.0给我们带来了自定义模块（函数）和克隆功能，而Scratch 2.0是依赖于Adobe Flash Player的。与2.0版本相比，Scratch 3.0放弃了即将落伍的Flash技术，采用了HTML5和JavaScript技术编写，支持所有的现代浏览器和WebGL，所以能够跨平台使用。

Scratch 3.0还带来了界面上的变化和细节上的改进。3.0版新增了文字朗读和翻译功能，在硬件上增加了micro：bit和LEGO EV3，但也不再支持PicoBoard和LEGO WeDo 1.0。

Scratch 3.0是一次重大的升级，对青少年编程来说是里程碑式的，进一步降低了用户的学习门槛，拓展了和现实之间的互动。

1.2.1 Scratch 3.0的特点

一个典型的Scratch 3.0编程界面如图1-2所示。

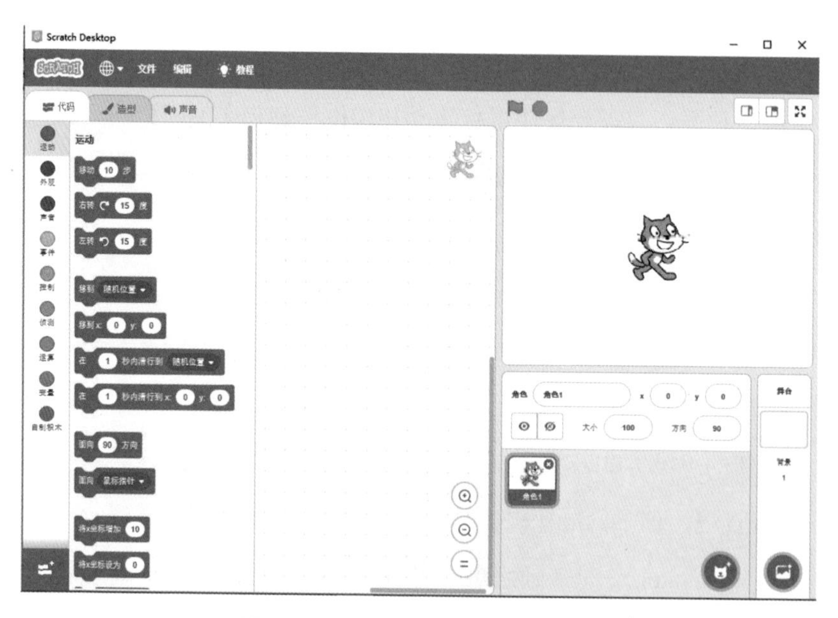

图1-2　Scratch 3.0的编程界面

图1-3是在Scratch 3.0中新建角色的菜单。

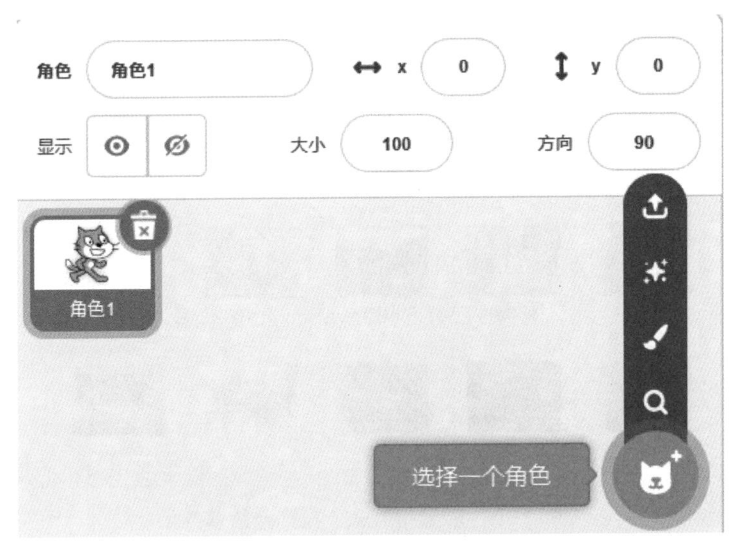

图1-3 Scratch 3.0中的新建角色菜单

在功能上，Scratch 3.0提供了很多的角色、背景、调整颜色及音效，有了更多的选择。Scratch 3.0的角色库如图1-4所示，图1-5是Scratch 3.0的舞台背景库。

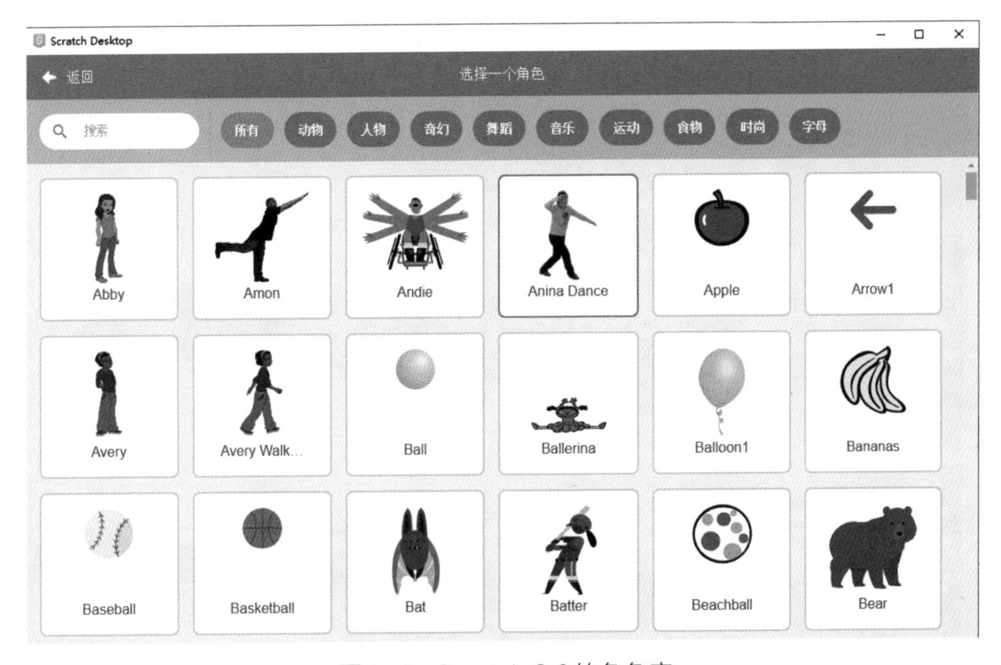

图1-4 Scratch 3.0的角色库

图1-5　Scratch 3.0的舞台背景库

Scratch 3.0特别强调通过与物联网和数字增强型构建工具包的无缝集成，创建包括声音、数据甚至物理世界在内的各种媒体。

Scratch 3.0重新设计了声音编辑器，如图1-6所示，能够实现录音、剪辑功能及多种声音元素。

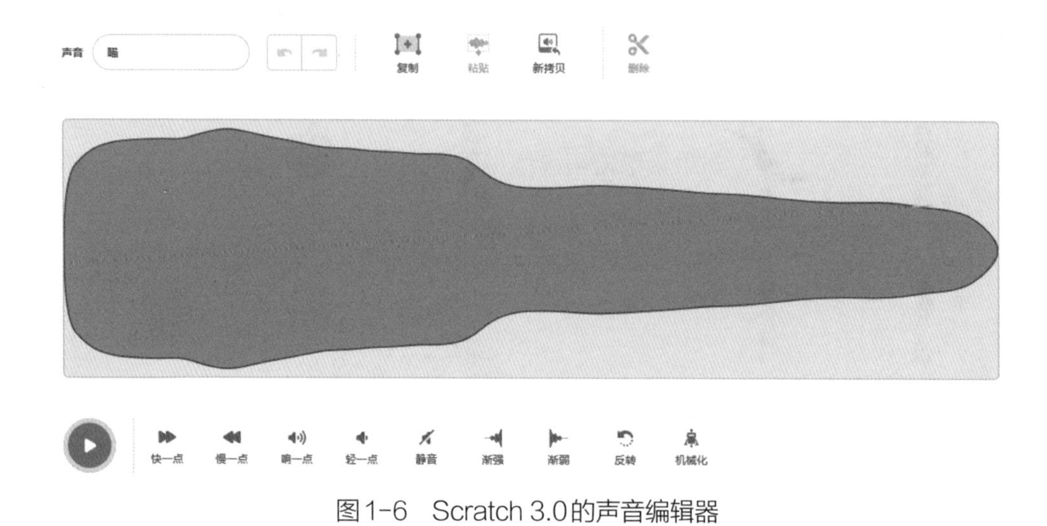

图1-6　Scratch 3.0的声音编辑器

Scratch 3.0增加了5个几乎全新的扩展，包括功能强大的文字转语音、翻译

（支持几十种语言），还直接支持micro：bit、LEGO EV3、LEGO WeDo 2.0。图1-7为Scratch 3.0的扩展接口。

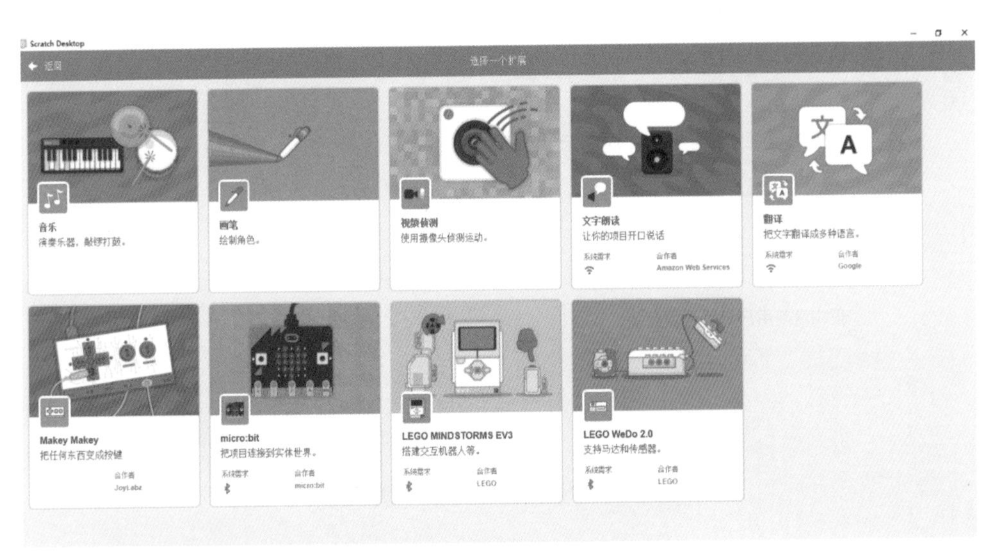

图1-7　Scratch 3.0的扩展接口

Scratch 3.0在使用上非常简单有趣，也能满足不同使用者的需求。它支持在电脑、手机、平板等各种终端设备上使用。下面我们介绍Scratch 3.0的安装。

1.2.2 Scratch 3.0的安装

Scratch软件分为离线编辑器（可以在不联网的情况下运行，因此运行速度较快）和在线编辑器。如果希望使用离线编辑器的话，就要下载安装文件并进行安装，步骤如下。

① 下载Scratch 3.0离线编辑器的安装文件（要根据个人的电脑系统来选择正确的安装文件）。一般的电脑系统都是Windows，如果是苹果电脑系统则为macOS。

② 双击下载的安装文件即可安装程序。在安装过程中有“为哪位用户安装该应用？”的安装选择，我们可以选择“仅为我安装”的选项，如图1-8所示。当然如果选择“为使用这台电脑的任何人安装（所有用户）”，那么以其他用户身份登录该计算机的用户也能够使用Scratch软件。

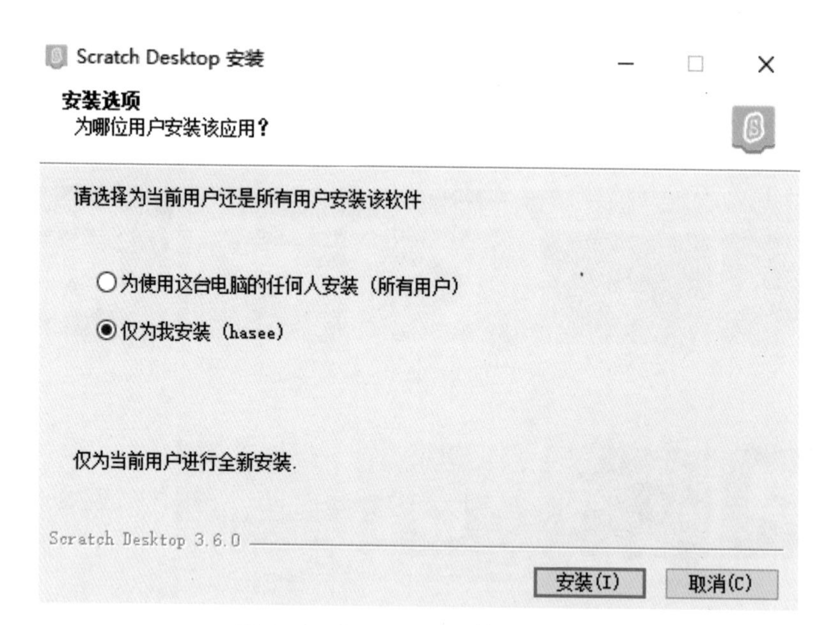

图1-8　Scratch 3.0的安装选项

③ 点击“安装”按钮，如图1-9所示，显示正在安装Scratch 3.0。

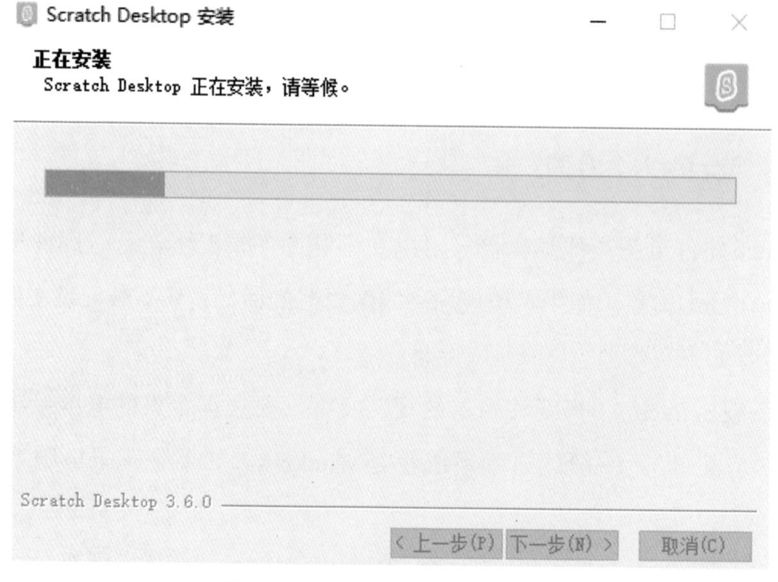

图1-9　正在安装Scratch 3.0

④ 随后出现Scratch 3.0的安装向导。最后用鼠标点击“完成”按钮，如图1-10所示。

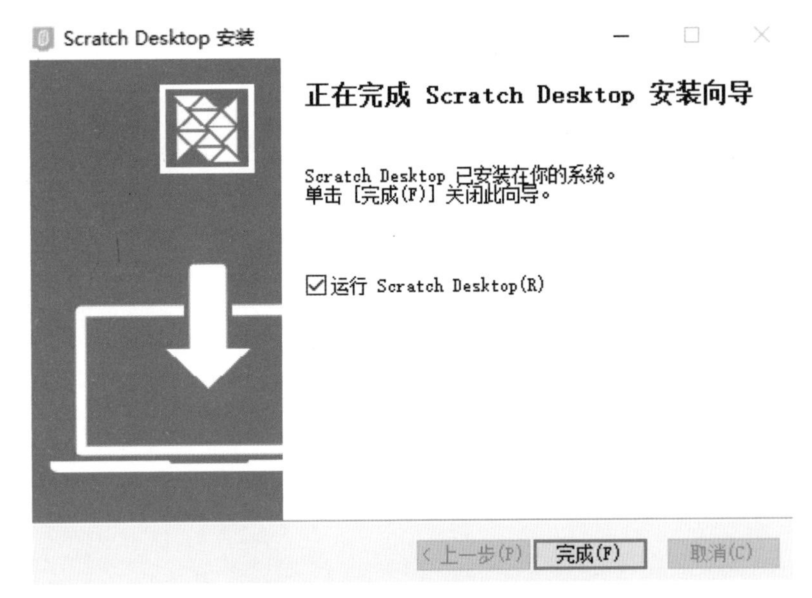

图1-10　Scratch 3.0安装完成

⑤ 安装完成后将会在桌面和开始菜单中找到Scratch快捷方式的图标（如图1-11所示）。双击该图标就能够打开并进入Scratch的编程界面。

至此Scratch 3.0安装完毕，现在就开启编程大门，一起去探索吧。

图1-11　Scratch 3.0快捷方式

注意

最好不要将自己编写的Scratch程序存放在计算机的C盘。这是因为C盘作为计算机的系统盘，它将频繁调用和处理操作系统和各种应用软件。而我们自己编写的程序最好是保存在其他盘内，并且最好是保存在命名为“Scratch”或者其他易读易懂的文件夹内，这样将方便以后对文件的存储和管理。

答案

1.Scratch 3.0软件可以在什么设备上使用?

2.Scratch 3.0的声音编辑器具有哪些功能?

第 2 章

Scratch 的基本操作

Scratch
3.0
CODING

2.1 编程三元素

在绘画课我们知道有红、绿、蓝3种基本颜色，也被称为三原色（如图2-1所示）。其他的各种颜色都是根据这3种基本颜色的不同比例混合调配出的。

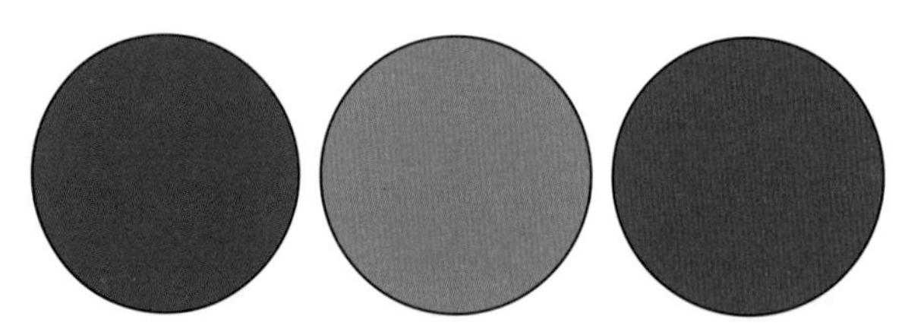

图2-1 红、绿、蓝三原色

同样，Scratch 3.0也有3种基本元素，即积木、脚本、角色（在不同的教材中，积木有可能还被称为模块，脚本也被称为代码或程序）。Scratch就是通过这3种基本元素来进行编程的，如图2-2所示。

图2-2 Scratch 3.0的3种基本元素

2.1.1 积木

积木分为运动、外观、声音、事件、控制、侦测、运算、变量、自制积木和添加扩展这10种，如图2-3所示。不同的模块由不同的颜色进行标记，因此能够方便地加以区分和使用。

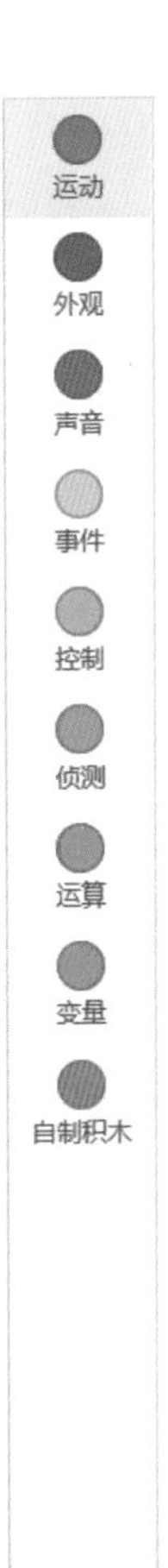

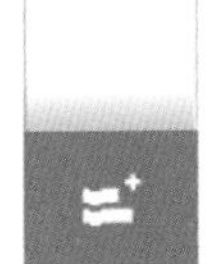

图2-3 Scratch 3.0 的积木区

(1) 积木类型

这10种模块指令被分为4种形状，分别代表4种不同的类型。这4种类型分别是命令积木、触发积木、控制积木和功能积木。

① 命令积木（如图2-4所示）：直接完成不同的命令。

图2-4 命令积木的形状

② 触发积木（如图2-5所示）：以某个事件的发生作为触发。当该事件发生时就执行后面的程序。

图2-5 触发积木的形状

③ 控制积木（如图2-6所示）：对某个程序或一段程序进行控制。

④ 功能积木（如图2-7所示）：将一些积木组合起来共同完成一个功能。

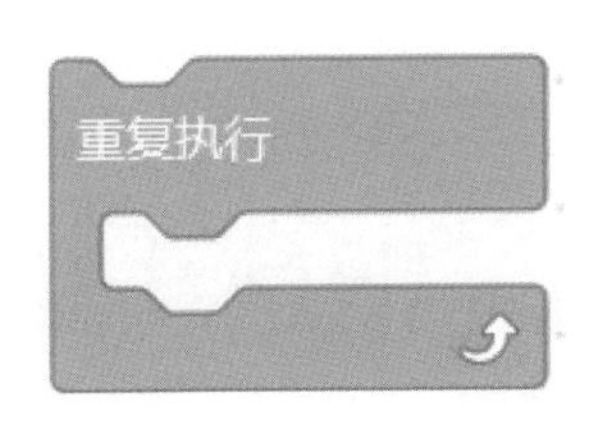

图2-6 控制积木的形状

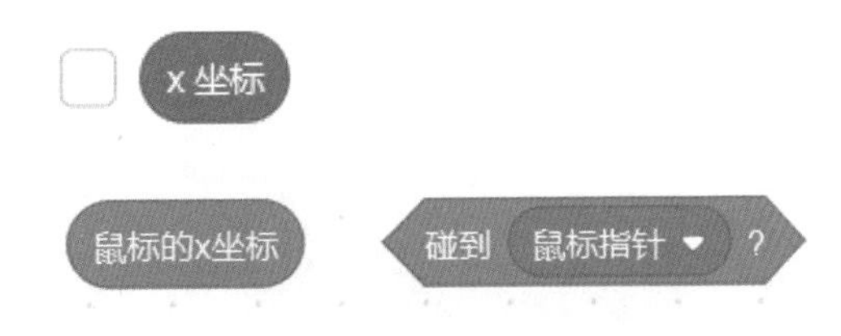

图2-7 功能积木的形状

我们发现在命令积木（图2-4）和控制积木（图2-6）的上方都有一个凹陷的口，而在命令积木（图2-4）和触发积木（图2-5）的下方都有一个凸起。说明这几种积木可以和其他积木贴合在一起组成更大的积木块。同时我们看到在控制积木（图2-6）的内部也有凸起和凹陷，说明它的内部还可以容纳其他的积木块。

而触发积木（图2-5）的上方有一个类似山坡的形状，并没有任何凹陷口。这种积木是处于一段脚本的开始位置，只能等待其他的事件来触发自己。一旦出现了所需的事件，则开始运行触发积木下面连接的程序。

在功能积木（图2-7）中既没有凹陷口和凸起，也没有类似山坡的形状。它是不能被单独使用的，只能作为其他积木的输入参数指令。它的功能就是获得一个值，而这个值不一定就是一个具体的数字，还可能表示一种逻辑关系。

（2）参数的输入

有些积木是需要输入一个或多个参数的。输入不同的值，在程序执行后的结果也就不同，修改积木参数的方式有多种。如下所述。

① 移动10步。直接点击数字10并输入所需的数值即可（如图2-8所示）。

② 移到随机位置。需要点击▼图案并从下拉列表中选择其一，是不能自己修改为其他参数的（如图2-9所示）。

③ 面向90方向。可以直接点击数字“90”并修改为其他数值，也可以拖动弹出的角度箭头来选择方向（如图2-10所示）。

图2-8　移动步数指令

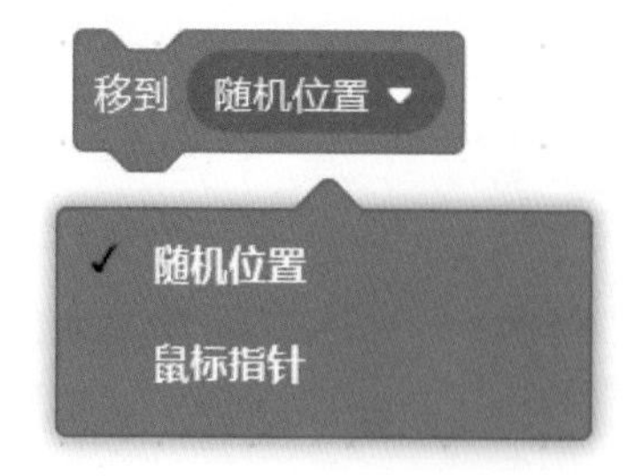

图2-9　移到随机位置指令

图2-10　面向90方向指令

2.1.2 脚本

我们在上节中认识了积木区的模块，了解了各个积木模块的功能和不同形状。通过它们就可以编写脚本（在有的教材中也被称为程序或代码）来执行游戏中不同角色的各种动作。

那么如何将积木块放到图2-2中的脚本区去进行编程呢？很简单，就是用鼠标在积木区选中所需积木块的某个指令并将它拖拽到脚本区即可。如果拖拽过来的某个指令存在错误，或者我们希望取消积木块中的某个指令，就需要在脚本区中用鼠标点击该指令并再拖回到积木区即可。

在开发Scratch脚本的过程中，并不是把所有的程序都全部完成后才能运行。我们可以在创建脚本的过程中不断测试每一部分程序的运行情况，观察是否能按照我们的预期运行。有2种开始运行程序的方式，介绍如下。

（1）点击Scratch软件中的绿旗图标（如图2-11所示）

图2-11　程序脚本运行/关闭按钮

点击图2-11中的绿旗图标可以运行脚本。如果脚本运行后符合预期设计的效果，则可以继续在脚本里编写后面的程序。如果不符合就可以随时点击图2-11中绿旗图标旁边的红色实心圆图标（它是脚本关闭按钮），之后仔细分析脚本，看看哪里出现了问题。越早发现问题就能够越早解决。解决问题后重新运行脚本并观察效果。

（2）点击已经完成的脚本

当点击脚本进行启动的时候，整个脚本的周围会被高亮度显示（如图2-12所示是脚本启动时的状态）。

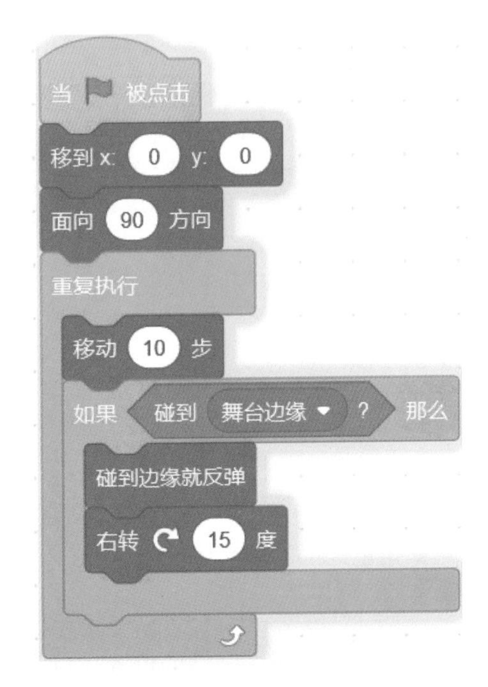

图2-12　程序启动时脚本的状态

注意

在程序编写过程中要养成一个良好的习惯，就是不断地保存程序。不要等所有程序开发完后再保存，这是为了防止在开发过程中电脑出现问题而导致没能及时保存已有的程序。

2.1.3 角色

我们在讲故事的时候总会有一个主人公的角色，需要说明谁在哪里干什么。用Scratch编写游戏也要有角色扮演，还要确定街道场景和动物、植物等。

在角色区里分为3个部分，如图2-13所示，各自对应着一种功能，分别进行介绍。

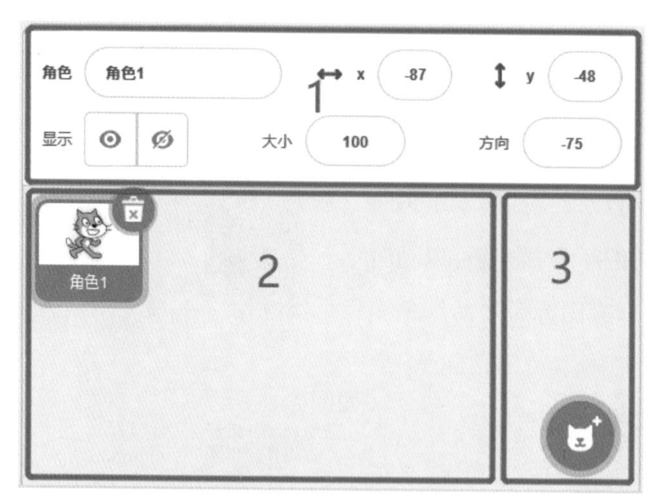

图2-13 角色区的3种功能

（1）角色属性编辑

- 角色：可以修改角色的名称（目前的名称为“角色1”）。
- x：修改角色在x轴的位置（目前的数值为“–87”）。
- y：修改角色在y轴的位置（目前的数值为“–48”）。
- 显示：设置显示或隐藏当前的角色。

● 大小：设置角色的大小（目前的数值为“100”）。

● 方向：设置角色面向的方向（目前的数值为“–75”），包括旋转、翻转、不旋转三种方式。

（2）当前角色列表

展示当前舞台区使用的全部角色。点击不同的角色图标就能够切换不同角色，同时可以在脚本区为该角色编辑代码程序，进行绘制以及设置声音等。如果点击某个角色右上角的垃圾箱小图标，就是要删除当前的这个角色。

（3）添加角色

点击图2-13中区域3内的小猫头像图标就会弹出一个列表，列表可以提供4种方式添加新的角色。

① 从本地电脑上传一个角色（如图2-14所示）。

② 在系统角色库中随机选择一个（如图2-15所示）。

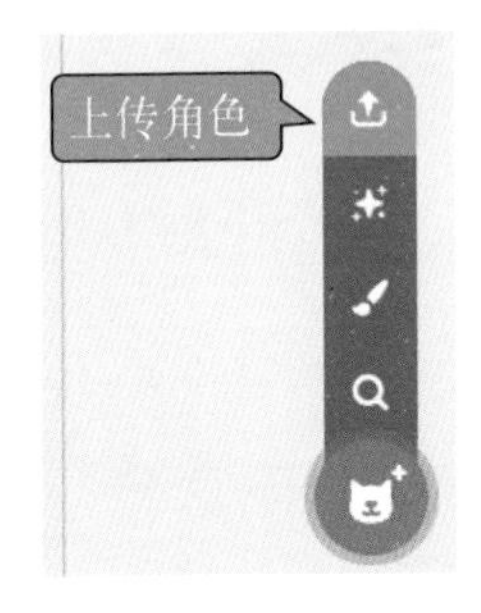

图2-14　添加角色-上传角色

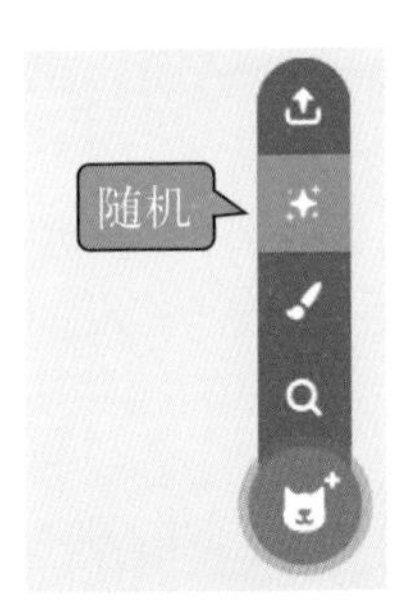

图2-15　添加角色-随机选择

③ 在编辑区自己绘制一个角色（如图2-16所示）。

④ 在系统角色库中手动选择一个（如图2-17所示）。

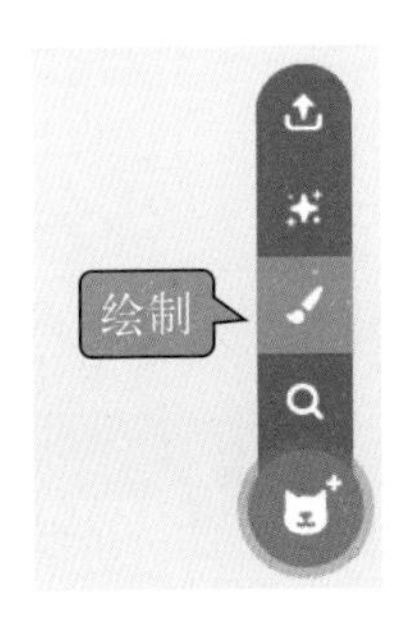

图2-16　添加角色-绘制角色

图2-17　添加角色-手动选择

在系统角色库中可以选择的角色参见图1-4。

接下来，我们通过积木、脚本、角色这三种元素来设计一个简单动作。角色选用Scratch软件打开时默认的小猫。我们就设计一个让小猫打招呼的动作吧。

首先让小猫走几步，然后让它说“你好”。那么怎么能让小猫走路呢？又怎么能让小猫说话呢？还是先完成如图2-18所示的这个脚本并执行一下看看效果（图2-19）吧。

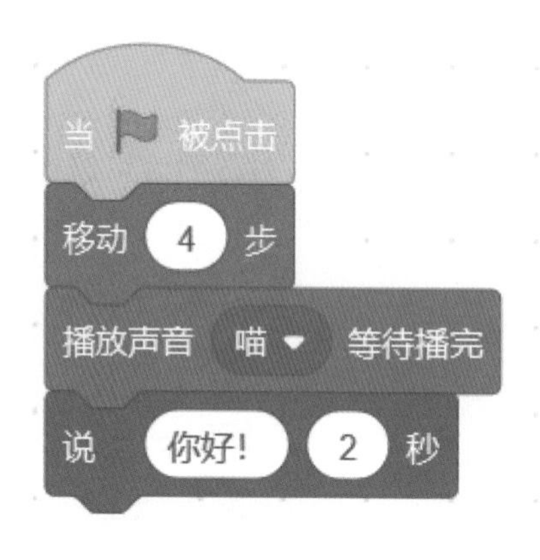

图2-18　小猫打招呼动作的脚本

图2-19　小猫打招呼动作的舞台效果

2.2 造型

在积木区中有一个造型的编辑区。当选择一个角色时，在这里显示的就是该角色的造型，我们可以对原有造型进行设计编辑。如图2-20所示，对造型属性的编辑分为如下12个部分。

① 当前造型的名称。可以进行修改。

② UnDo（撤销）和ReDo（重做）。如果某个编辑步骤是错误的，我们可以使用UnDo按钮撤销这一步。

③ 组合与拆散。可以将造型编辑区内的多个形状组合成一个整体，也可以将一个已经组合好的造型给拆分开。

图2-20　造型的编辑区

④ 当一个角色的造型中有多个组成部分时，可以指定某一部分显示在另一部分的前面（往前放）或者另一部分的后面（往后放）。但每次只能移动一层。

⑤ 当一个角色的造型中有多个组成部分时，可以直接将某一部分放在其他所有部分的最前面（放最前面）或最后面（放最后面）。这个功能和前一个很相似，但它可以一步到位，即直接移到最前或者最后一层。而前面的功能④每次只能移动一层。

⑥ 设置填充色、轮廓色和线条的粗细。

⑦ 复制与粘贴。

⑧ 删除。可以删除造型中的点或线。

⑨ 左右翻转与上下翻转。将造型对称地进行左右或者上下翻转。

⑩ 绘图工具箱，包括了绘图的各种常用工具。

⑪ 图像类型转换按钮，可以转换为位图或矢量图。我们知道，一个图像是由很多像素组成的。位图能够标注每一个像素的位置及颜色，而矢量图则给出了像素的绘制规则。因此位图在进行拉伸或收缩后（像素的个数发生了改变）图案会变得模糊，然而矢量图却看不出什么变化（因为能够按照像素的绘制规则给出新像素的颜色）。所以按照矢量图得到的图像在拉伸或收缩后依然清晰。

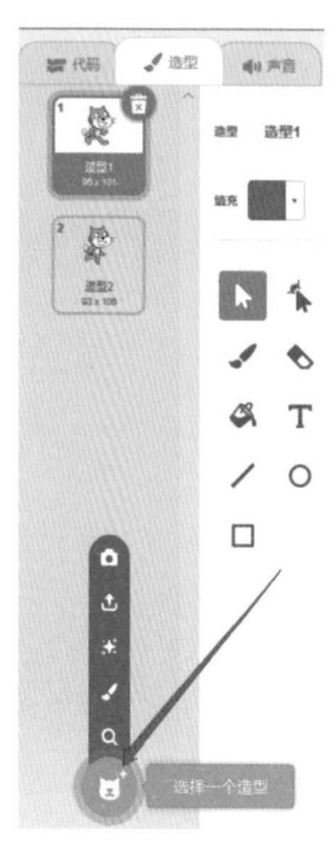

图2-21　造型的选择

⑫ 观看图像时将画面放大或缩小，便于看清某些细节部分。

是不是觉得只有小猫这一个动物太单一了，那么能否添加自己希望的角色图案呢？当然是可以的。如图2-21所示，点击左下角的“选择一个造型”图标可以选择其他造型。如果没有喜欢的造型，也可以自己绘制。

在利用Scratch编写游戏时，有时候会改变某个角色的某一部位的颜色。例如当小猫吃了一条发臭的小鱼时瞬间脸色大变。我们如何让小猫的脸变颜色呢？

小猫的角色是一个整体，身体各部位都是组合在一起的。要想让脸部颜色变化的时候身体其他部位不发生任何变化，就要将脸部从角色整体中拆分出来。所以我们需要先选中小猫，然后点击拆散功能（如图2-22所示），接着只要填充脸部的新颜色就可以啦。完成后再重新将各个部分组合起来，就成了一个“绿脸猫”。

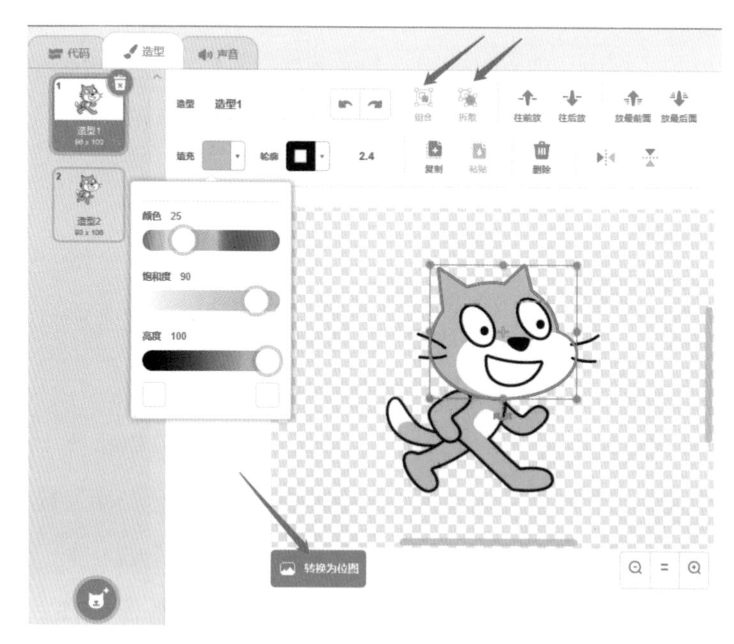

图2-22　利用造型的拆散功能

思考

小猫如果偷吃了蛋糕或者沙拉酱，脸部是不是会有蛋糕或沙拉酱的痕迹呢？请小朋友们动动手来试试吧。

2.3 声音

Scratch的声音编辑器有录音、剪辑等功能，还可以自己添加声音。添加声音有4种方式，与添加角色类似，如图2-23所示。这4个添加声音的功能分别介绍如下。

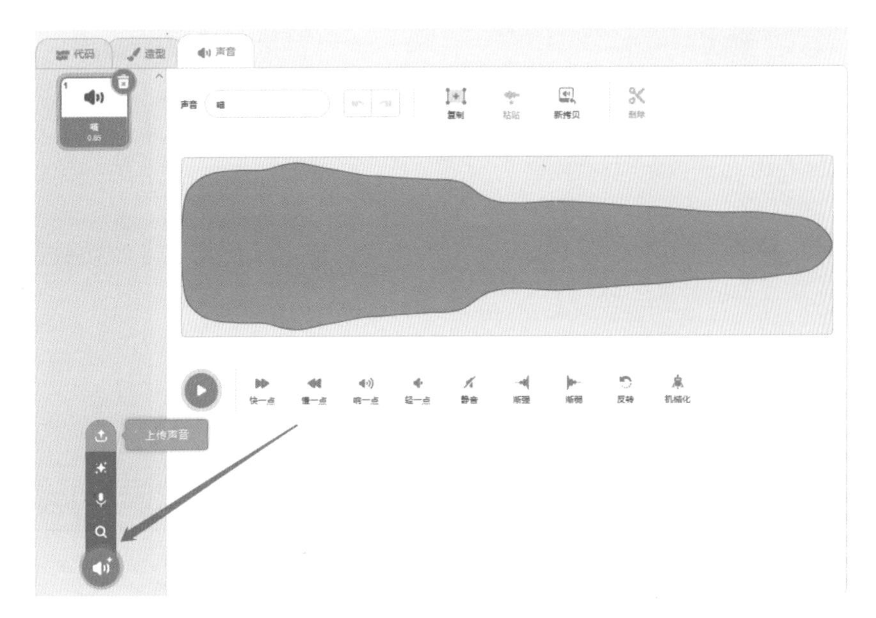

图2-23　Scratch的声音区域

（1）从本地电脑上传一个音频文件（如图2-24所示）

（2）随机从音频库中选择一种声音（如图2-25所示）

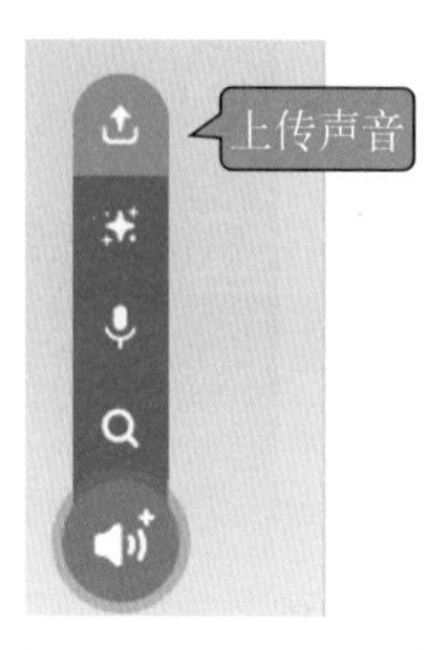

图2-24 添加声音-上传声音

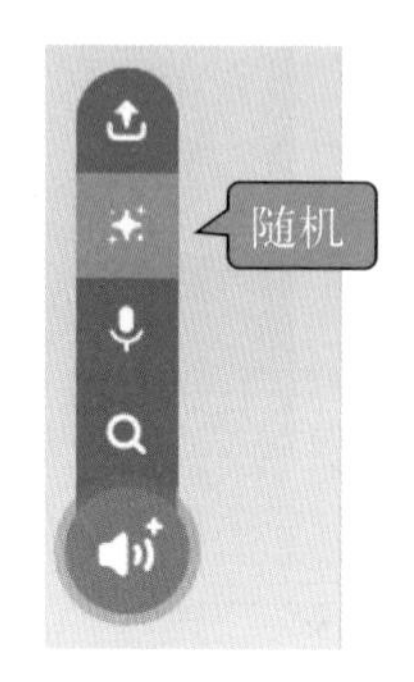

图2-25 添加声音-随机选择

（3）自己录制一段声音（如图2-26所示）

（4）从软件的系统音频库中选择一种声音（如图2-27所示）

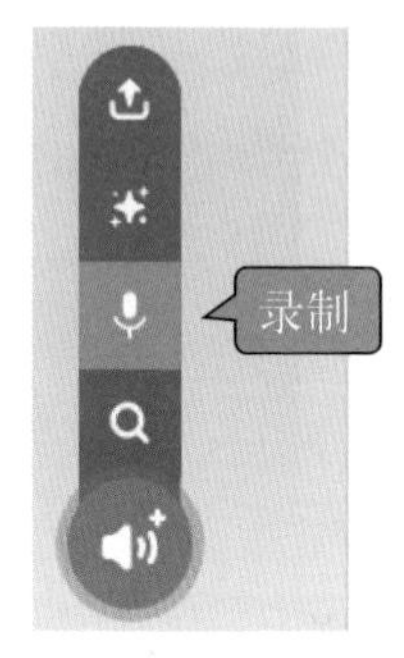

图2-26 添加声音-录制声音

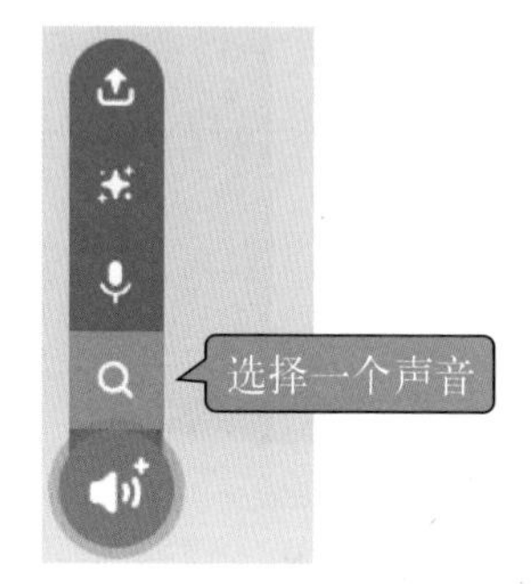

图2-27 添加声音-手动选择

在图2-23的右侧区域可以修改选中的声音，还可以控制声音的播放速度以及增加特效。

2.4 事件

如果需要当某个事件发生时启动后面的代码，就要利用事件指令。例如，当我们按下键盘上的某个按键、按下绿色的旗帜按钮，或者接收到一条同步消息等事件发生的时候，就要执行一些相应的程序。几种常见的事件指令如图2-28所示。

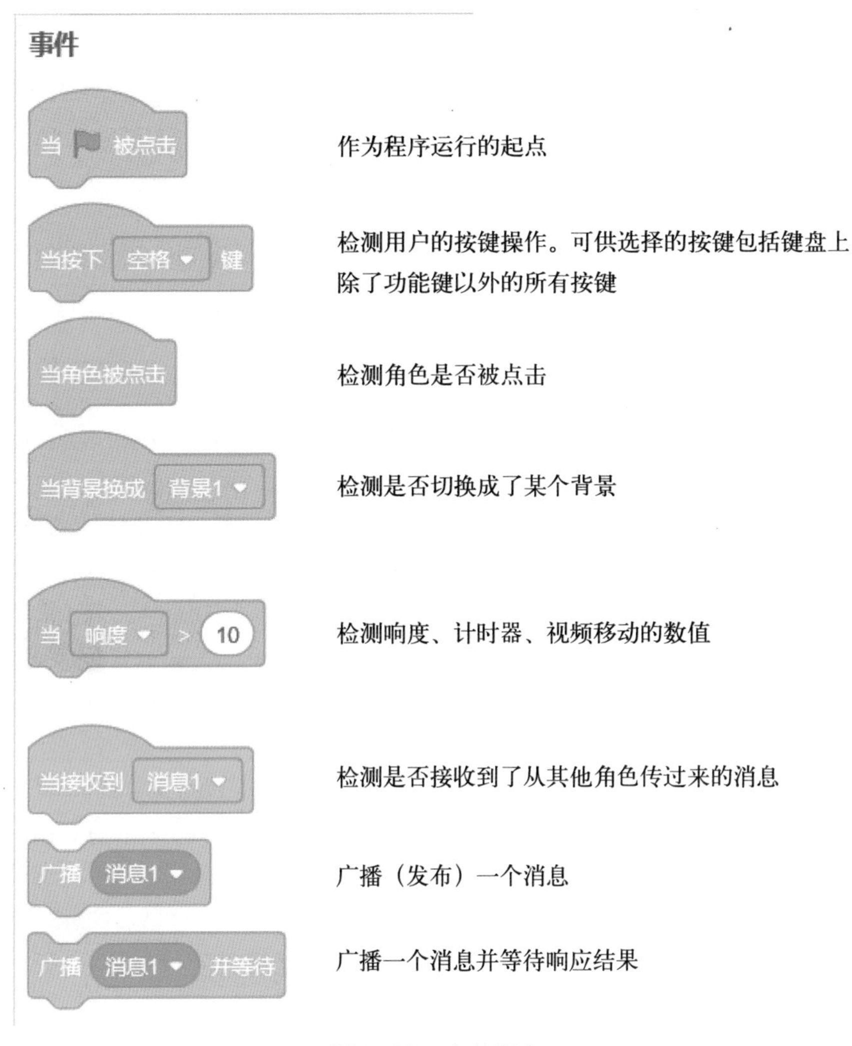

图2-28　事件指令

2.5 自制积木

前面介绍了很多积木模块，它们功能齐全、种类众多。有时候游戏中的某些角色会有很多重复性的动作，而每次启动这些重复性动作都要使用相同的一段脚本。

此时可以将完成重复性动作的一段脚本打包成一个新的模块（就像自定义一个函数一样），这是自制积木常见的应用场景。

例如，角色莉娜不小心闯入了森林，她在森林里看到了很多动物。我们通过这个例子来学习如何自制积木。步骤如下所述。

① 选择森林作为背景，如图2-29所示。

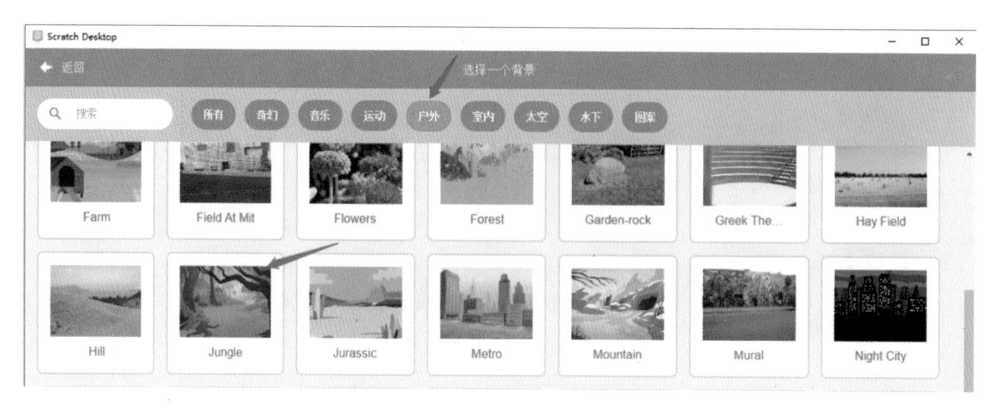

图2-29　选择森林作为背景

② 选择森林里的小动物角色（如图2-30所示，挑选角色库中的“动物”）。例如可以选择小兔、蛇和刺猬。

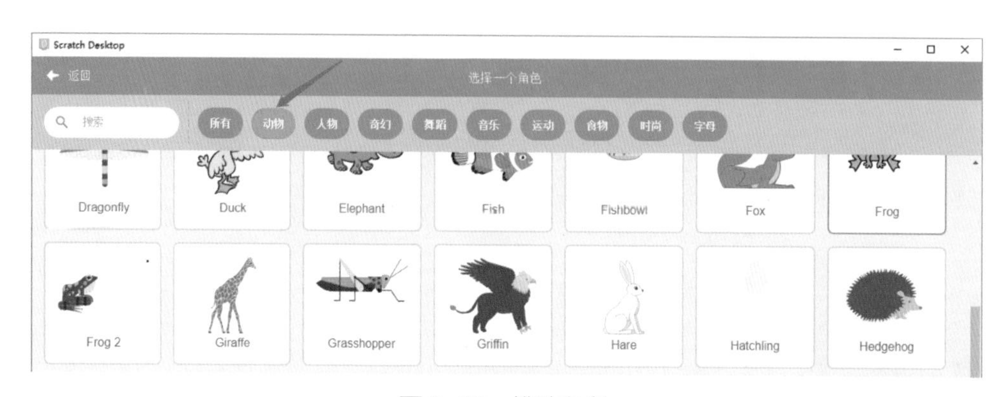

图2-30　挑选角色

③ 定义一个新积木：选择代码分类区中的“自制积木”，然后点击右侧的“制作新的积木”，如图2-31所示。我们给这个新积木命名为“魔幻森林”。

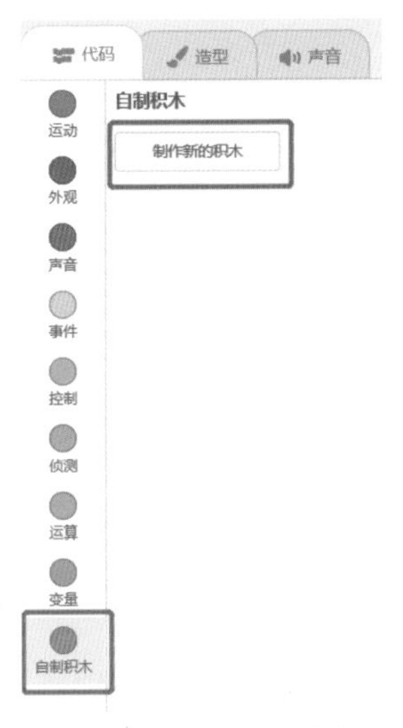

图2-31　新积木模块

注意

在“制作新的积木”中有一个勾选项“运行时不刷新屏幕”（如图2-32所示），它的作用是什么呢？

其实在程序运行时，两个前后连接积木之间存在着极短的等待时间用于刷新屏幕。如果勾选了这个选项，那么我们新建的积木模块中所包含的各个积木之间将没有等待时间。简而言之就是提高了运行的速度。但是如果在自制的积木模块中包含“播放声音”之类的积木，有可能在声音播放的时候会失真。

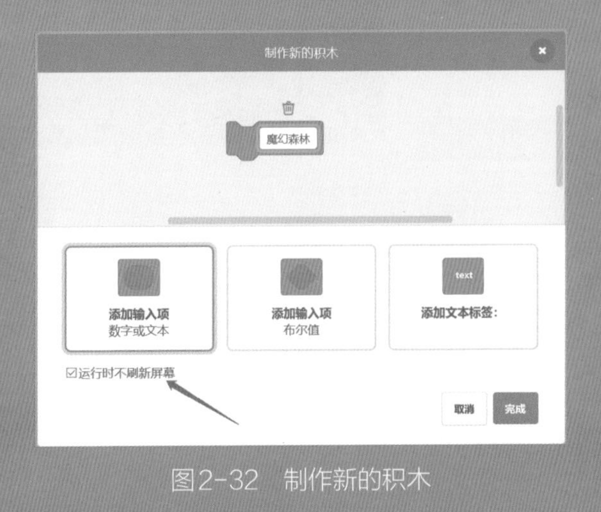

图2-32　制作新的积木

④ 此时新的积木将会出现在模块区，但目前只有一个名称，如图2-33所示。这个新建的积木模块在计算机编程时被称为定义了一个函数或定义了一个过程。

图2-33　新积木模块指令

接下来我们开始编辑这个新积木模块。如图2-34所示，运用循环、随机、运动、外观、控制模块的积木来搭建这个魔幻森林。

图2-34　魔幻森林

2.6 添加扩展

在前面第1章中已经提及Scratch 3.0有很多的扩展模块，如图1-7所示。我们在本书后面的游戏设置中需要添加扩展的地方再对其具体操作做说明。

趣味问答

1.Scratch 3.0的三种基本元素分别是什么？

2.积木包括哪十种模块？这些模块又可以被分为哪四种类型？

3.如何为某个角色设置造型？

扫一扫

答案

3

第 3 章

用Scratch制作入门级简单游戏

Scratch
3.0
CODING

上一章介绍了Scratch界面的各个部分及简单的操作，下面开始编写我们自己的游戏吧。

3.1 乐队演奏

莉娜想邀请小伙伴们来参加她的生日聚会并希望和大家一起唱歌跳舞。我们能不能帮助她实现这个愿望呢？下面做一个生日舞台的游戏送给莉娜和她的朋友们吧。

① 首先双击在桌面上创建的Scratch 3.0快捷方式，打开后找到软件左上方的“文件”→“新建项目”，如图3-1所示。

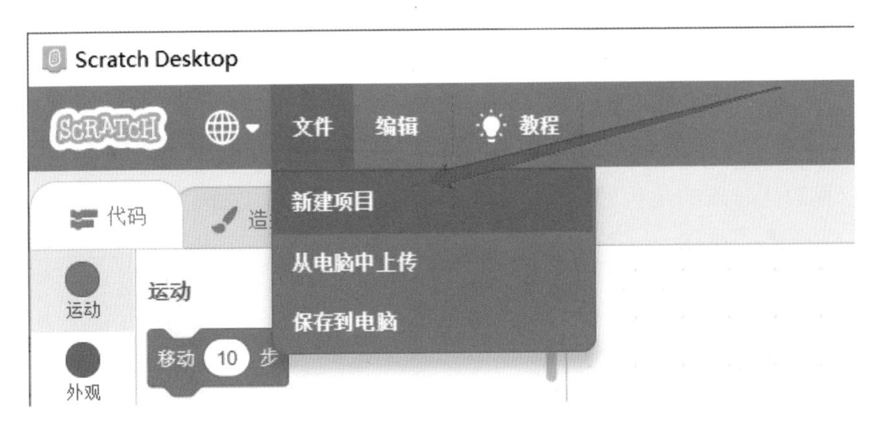

图3-1　新建项目

② 完成新建项目后会发现在角色区有一个小猫的角色，这是系统默认的角色。点击角色区中小猫图标右上角的符号×即可删除该角色，如图3-2所示。

③ 现在搭建我们自己的场景。乐队演奏的舞台该设计成什么样子呢？我们打开舞台区的素材库来选择一个背景，如图3-3所示。

我们选择与音乐相关的背景。在音乐的背景里选择的是Spotlight，如图3-4所示。

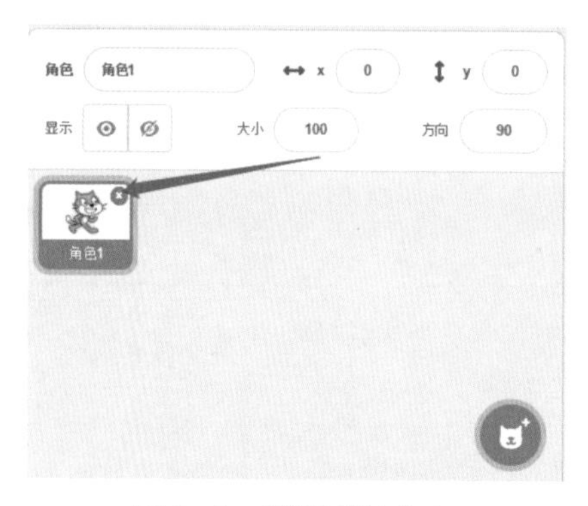

图3-2　删除默认角色

图3-3　选择舞台背景

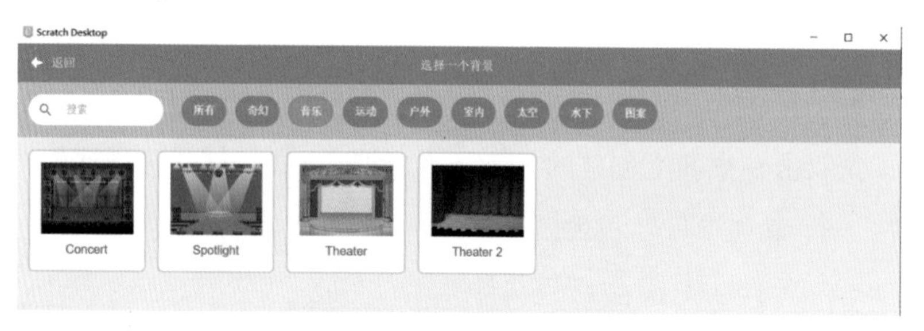

图3-4　选择音乐舞台背景

④ 在空荡荡的舞台上摆放哪些乐器呢？这时就要在背景中放置各种乐器的角色。我们从音乐的角色库中选择Drum Kit（架子鼓）、Drum-cymbal（铙钹）和Guitar-electricl（电吉他）这三种乐器，如图3-5所示。

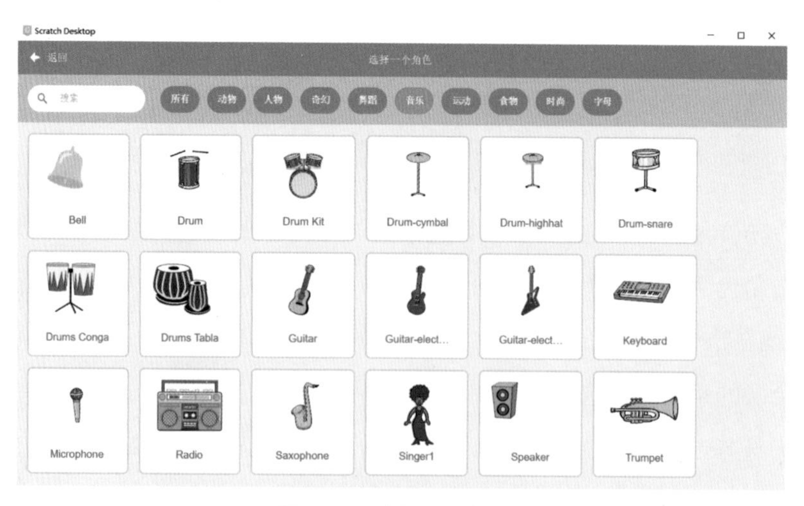

图3-5　选择音乐角色

⑤ 完成以上步骤后我们看到角色（乐器）的尺寸相比舞台来说比较大，此时可以调整角色区中的标签“大小”后面的参数值，这个值是一个百分比（默认情况下是100，即100%）。如图3-6所示，我们选中角色Guitar-electric1，将角色的大小调整为70。然后再调整一下角色Guitar-electric1在舞台上的方向，将方向由原来的90°改为135°。

⑥ 现在在舞台区添加音符“Do Re Mi Fa So La Si Do”，即“1 2 3 4 5 6 7 İ”。这些音符可以在如图3-7所示的角色库里挑选。

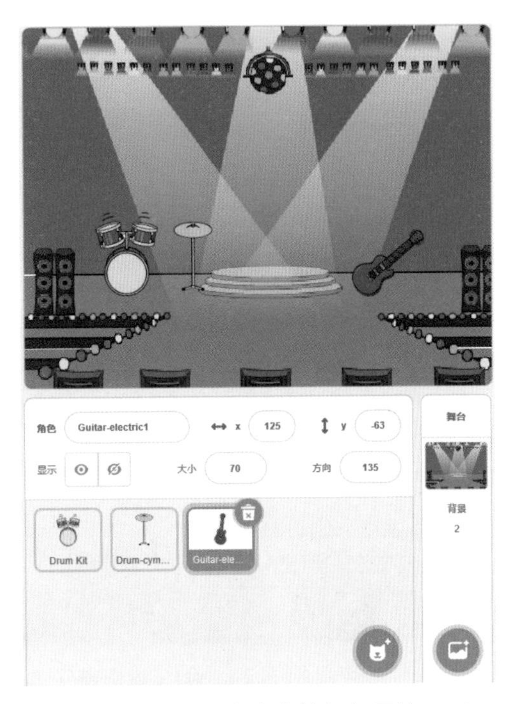

图3-6 乐队演奏的角色属性

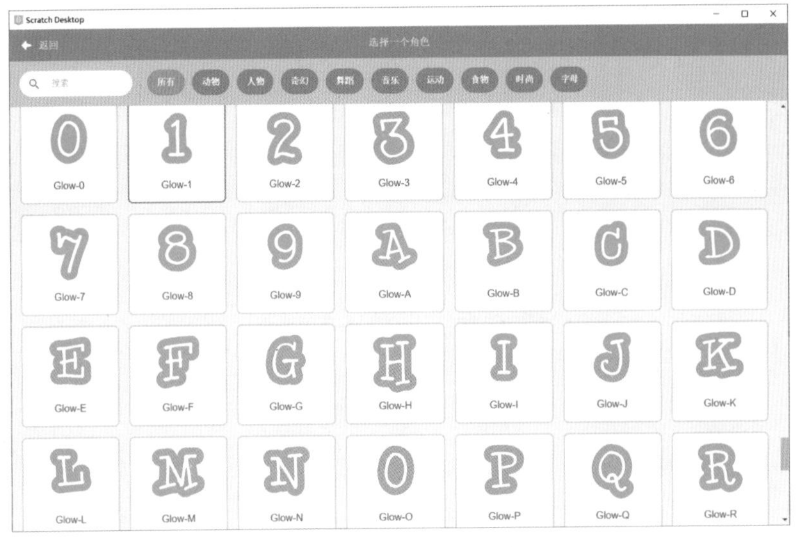

图3-7 音乐简谱角色

⑦ 布置完成的舞台区如图3-8所示。当然我们也可以根据自己的喜好去挑选其他的舞台背景及乐器。

图3-8　音乐演奏的舞台区效果

⑧ 现在如图3-9所示，在角色区里一共添加了11个角色。接下来我们分别为各个角色编写脚本。

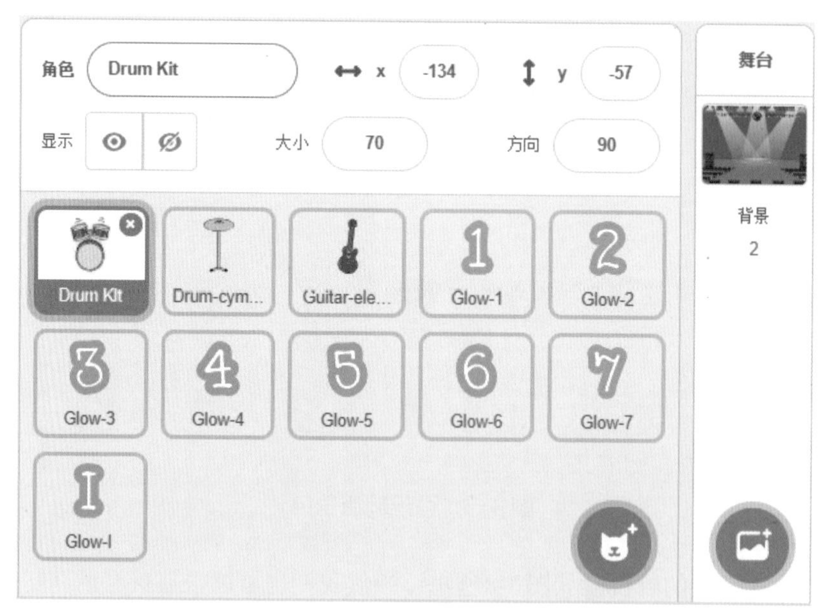

图3-9　音乐演奏会的角色

角色1：Drum Kit（架子鼓）

图3-10 “当按下……键”指令

⑨ 通过击打架子鼓的鼓面才可以发出声音，因此需要一个击打鼓面的指令。我们在事件里找到如图3-10所示的指令。

⑩ 在这个指令的空格键下拉菜单中选择←键，如图3-11所示。这表示当按下电脑键盘里的←键时就会击打鼓面。

⑪ 紧接着我们在代码区的声音模块里挑选如图3-12所示的播放声音指令并按图3-13所示选择声音Drum Bass1。

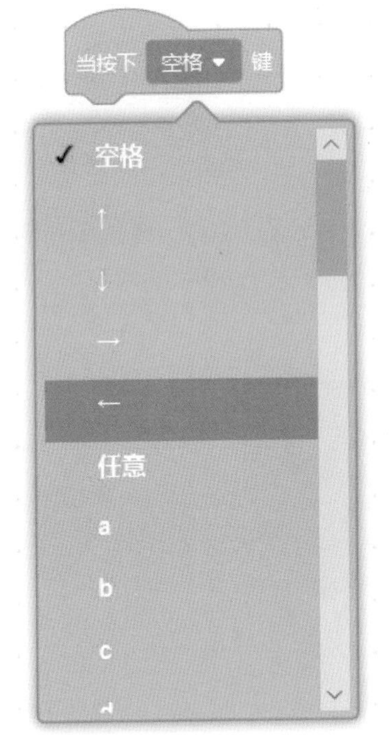

图3-11 选择“当按下……键”的选项

图3-12 播放声音指令

图3-13 播放声音指令的下拉可选项

⑫ 完成这些操作之后，当我们按下←键时，drum kit角色造型的鼓面会振动并发出声音。此时的角色1（Drum Kit架子鼓）编程如图3-14所示。

图3-14　角色1（Drum Kit架子鼓）的程序

角色2：Drum-cymbal（铙钹）

⑬ 第二个角色Drum-cymbal的程序和角色1相似，只需要在空格键指令的下拉菜单中找到→键（如图3-15所示）。相当于利用键盘上的→键敲打Drum-cymbal乐器来发出声音。

⑭ 同角色1一样，在脚本区如果我们不设置声音，那么即使使用了键盘上的→键也不会发出声音，所以还需要一个播放声音的积木块指令。如图3-16所示，在播放声音的下拉菜单中选择自己喜欢的声音。

图3-15 “当按下……键”指令菜单

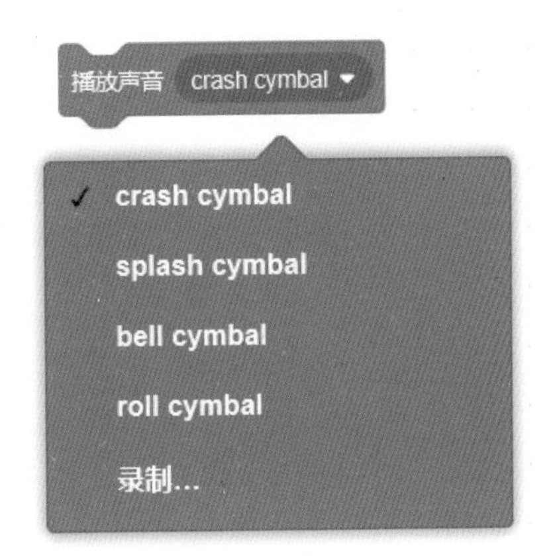

图3-16 选择播放crash cymbal声音

⑮ 图3-17给出了角色2（Drum-cymbal）的程序。

图3-17 角色2（Drum-cymbal）的程序

角色3：Guitar-electric1（电吉他）

⑯ 第三个角色Guitar-electric1的程序与前两个的角色程序大致相同。需要使用播放声音的模块（如图3-18所示），并在播放声音的指令下拉菜单里选择自己喜欢的音乐。

⑰ 然后为角色3在指令下拉菜单中选择↓键，最终的角色3的程序如图3-19所示。因为不同的角色有不同的造型，所以在造型的切换方面我们也需要注意一下。现在读者朋友可以尝试将“等待0.5秒”后的“换成……造型”改成其他可选的造型并运行程序看一下效果。

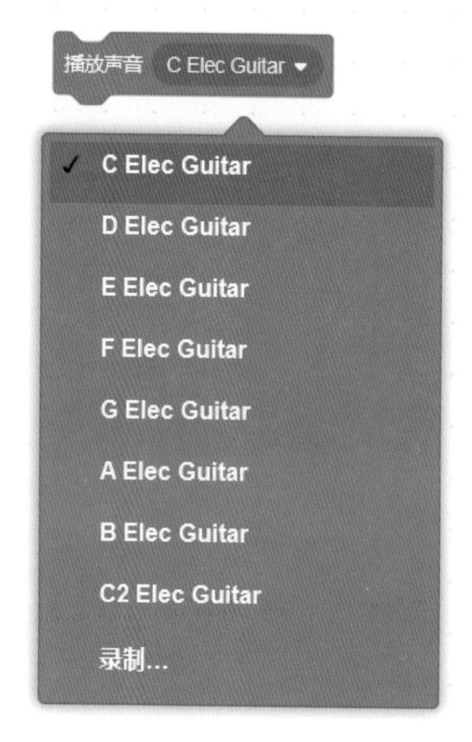

图3-18　选择播放C Elec Guitar声音

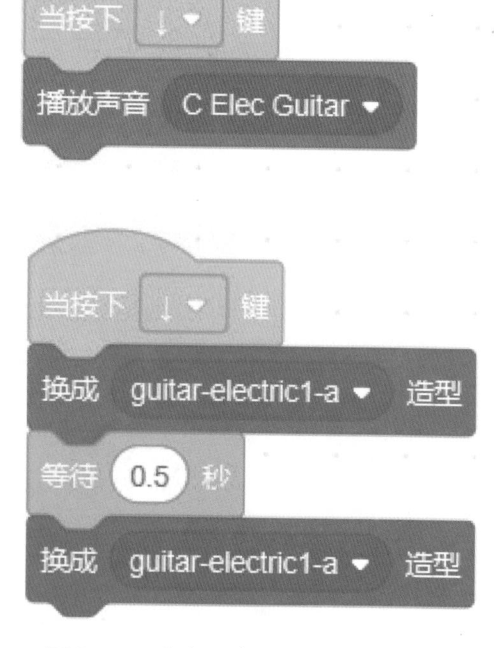

图3-19　角色3（Guitar-electric1）的程序

角色4～11：8个音符

⑱ 接下来就开始音符的设计。每个乐谱的音符都不同，在代码区中我们只找到了声音的积木块，并没有对应的音符指令。现在需要在代码区的添加扩展里寻找关于音乐的模块，如图3-20所示。

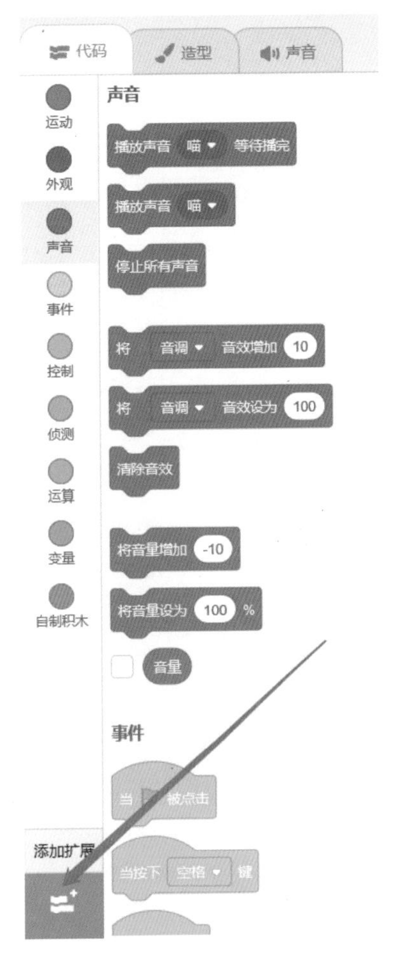

图3-20 Scratch 3.0的添加扩展模块

⑲ 打开Scratch 3.0的扩展模块后，如图3-21所示就可以找到关于音乐的模块。

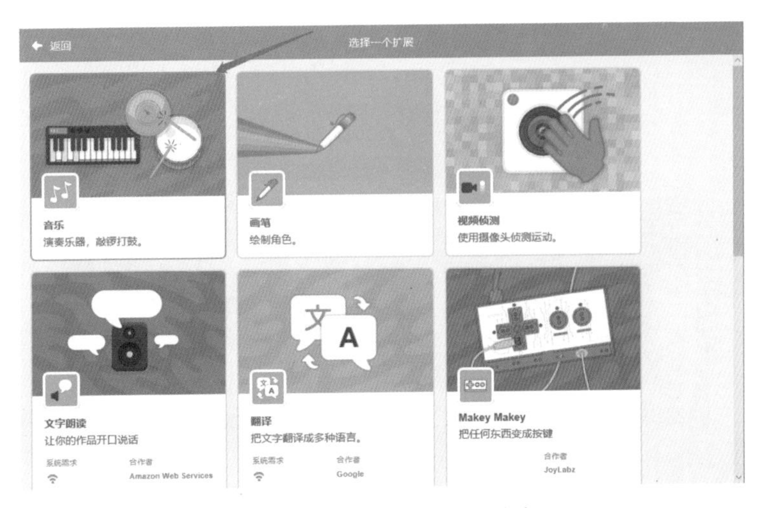

图3-21 选择扩展模块中的音乐

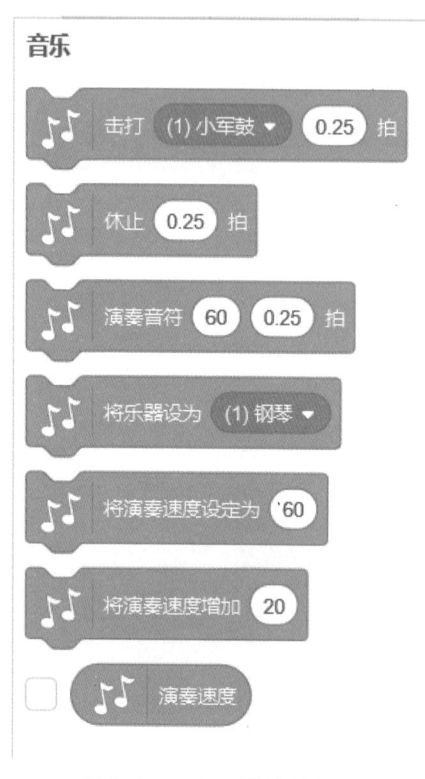

图3-22　音乐模块的指令

⑳ 此时我们可以看到扩展模块里的音乐积木块中的各个指令，如图3-22所示。

㉑ 在我们设计的舞台区的上方有8个音符，分别代表了8个不同的角色，但目前为止还仅仅是8个字符而已。所以在为角色编辑脚本的时候还需要设置音符及拍数，用到了演奏音符的指令，如图3-23所示。

图3-23　演奏音符指令

㉒ 为这8个角色分别设置音符。如图3-24所示，按顺序分别选中"1""2""3""4""5""6""7""I"各个角色，并分别设置音符为60、62、64、67、69、71、72、74。

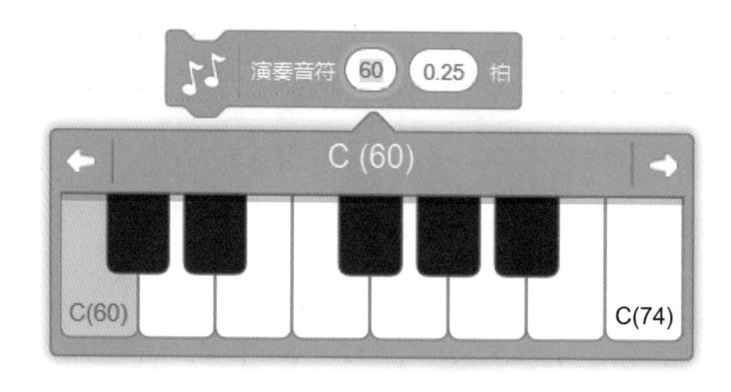

图3-24　演奏音符设置指令

㉓ 针对不同的乐器，当我们在电脑键盘按下“1”这个键时，会演奏出“1”对应的音符“Do”来，并且在舞台区中数字“1”会“跳动”。怎么实现字符的“跳动”呢？这需要用外观积木块中的显示和隐藏指令，如图3-25所示。

㉔ 为了能够突出表示按下了键盘中“1”这个键，可以在舞台区中把数字“1”表示成跳动的状态。方法是在按下键盘上的“1”时，隐藏舞台区上的数字“1”，等待0.5秒后再重新显示出来，说明“Do”的音符已经敲击完毕。如图3-26所示为针对角色音符1的程序。

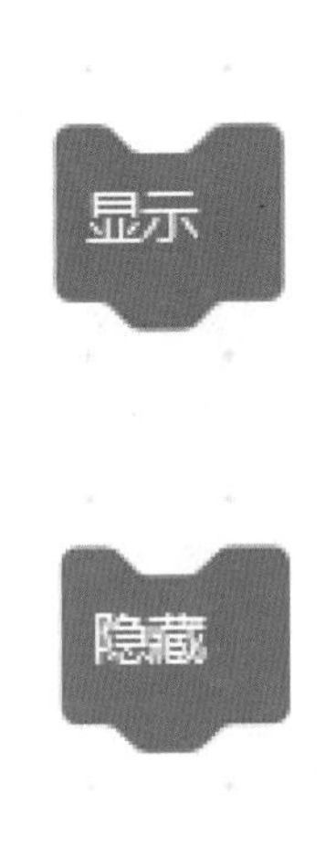

图3-25　显示和隐藏指令

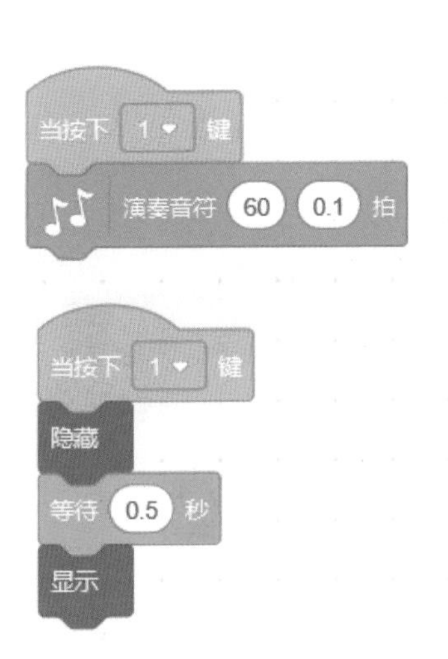

图3-26　音符1角色的程序

㉕ 其他音符也是同样的脚本编辑过程，只不过每个音符都有自己的演奏指令。我们将音符2到音符I的脚本编程一一列出，如图3-27至图3-33所示。

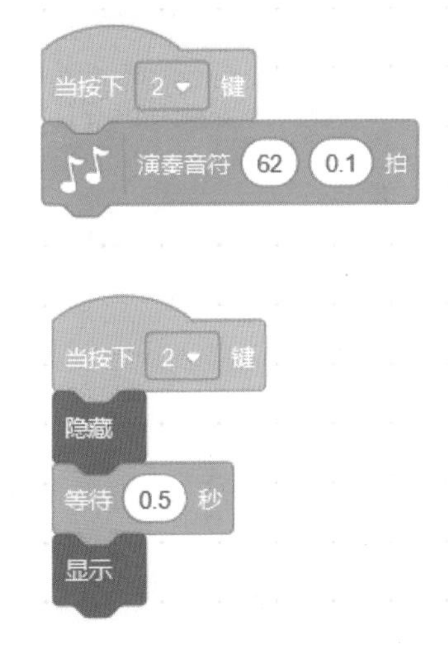

图3-27　音符2角色的程序

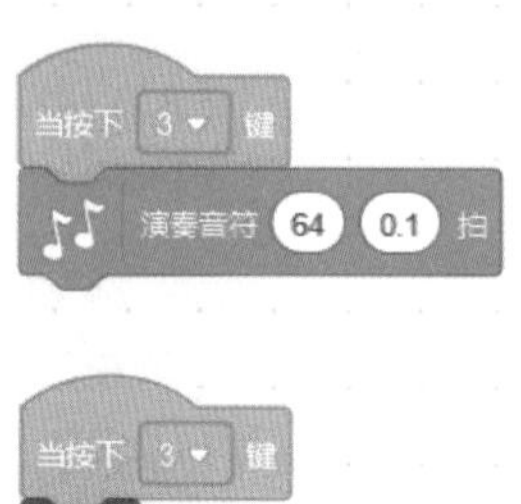

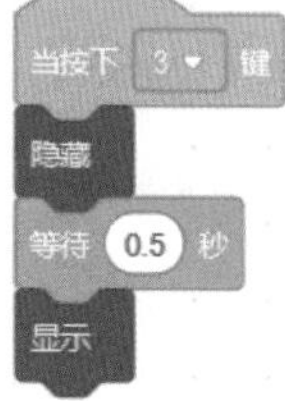

图3-28　音符3角色的程序

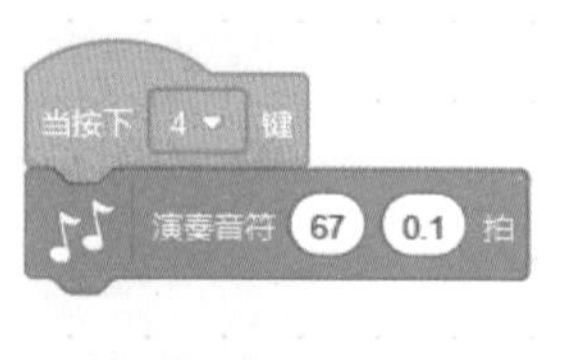

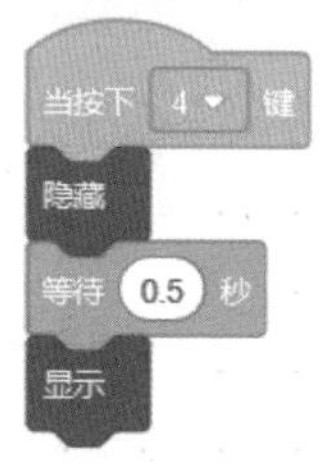

图3-29　音符4角色的程序

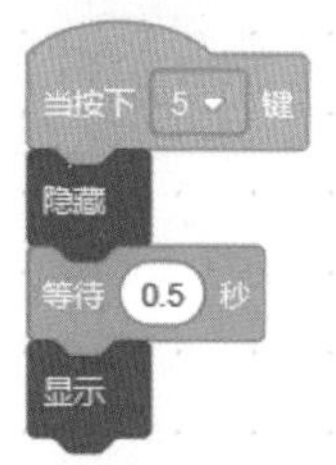

图3-30　音符5角色的程序

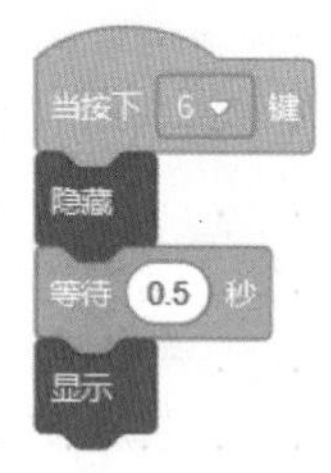

图3-31　音符6角色的程序

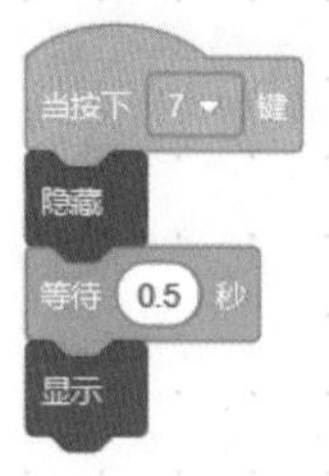

图3-32　音符7角色的程序

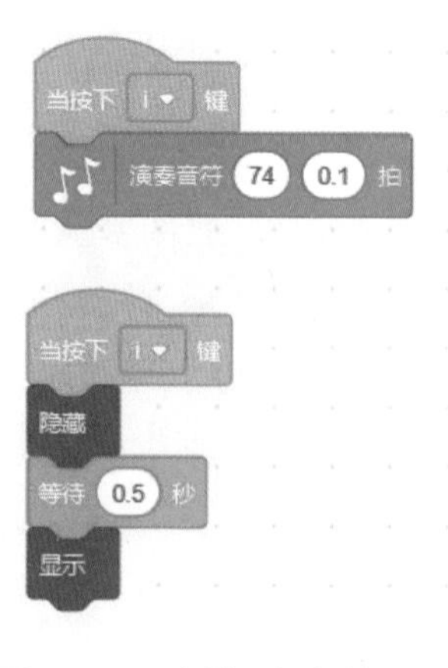

图3-33　音符I角色的程序

完成了以上的程序之后，每个音符都会根据不同按键选择的不同乐器发出不同的声音。接下来我们开始弹奏一首生日歌祝福莉娜生日快乐吧。

需要说明的是，下面的乐谱中存在低音阶的音符，例如$\underset{\cdot}{5}$、$\underset{\cdot}{6}$和$\underset{\cdot}{7}$。这些音符角色在前面并没有给出，我们可以用音符5、音符6和音符7这三个角色来代替。当然，演奏效果会受到影响。我们也可以仿照前面的介绍自己动手创建出所需的音符角色来演奏更完美的乐章。

祝你生日快乐

1=F $\frac{3}{4}$

米尔切特　词
希　尔　曲

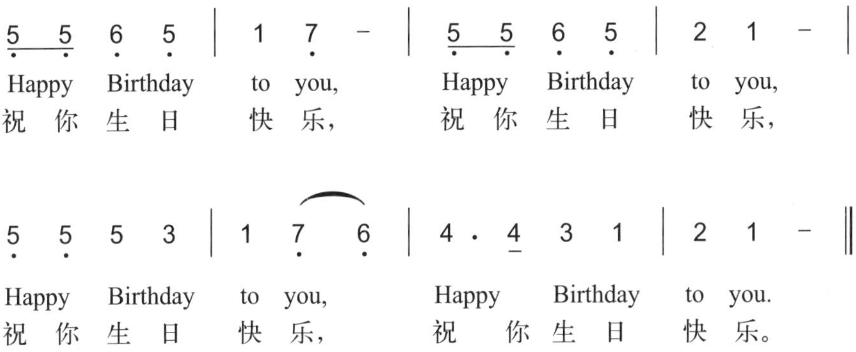

$\underset{\cdot}{5}$ $\underset{\cdot}{5}$ $\underset{\cdot}{6}$ $\underset{\cdot}{5}$ | 1 $\underset{\cdot}{7}$ – | $\underset{\cdot}{5}$ $\underset{\cdot}{5}$ $\underset{\cdot}{6}$ $\underset{\cdot}{5}$ | 2 1 – |

Happy Birthday to you, Happy Birthday to you,
祝 你 生 日 快 乐， 祝 你 生 日 快 乐，

$\underset{\cdot}{5}$ $\underset{\cdot}{5}$ 5 3 | 1 $\underset{\cdot}{7}$ $\underset{\cdot}{6}$ | 4 · $\underline{4}$ 3 1 | 2 1 – ‖

Happy Birthday to you, Happy Birthday to you.
祝 你 生 日 快 乐， 祝 你 生 日 快 乐。

3.2 迷宫探险

人生的道路有千万条，每一条都不相同，就好像迷宫探险一样，每条路都充满了未知。在莉娜的生日聚会上小伙伴们一起唱歌、吃蛋糕，大家都很开心。现在他们想接着玩探险的游戏了。

既然乐队演奏都可以用Scratch实现，那么我们能否再为莉娜和她的朋友们做一个迷宫探险的游戏呢？当然是可以的，现在就做吧。

游戏规则：设置一个角色要拿到四把藏在迷宫四个角落的钥匙才能获得胜利，这时出口才可打开。

游戏方法：通过上下左右键来使角色移动去寻找钥匙，直到集齐四把钥匙才能完成任务，最后播放胜利的音乐。

① 首先，需要一张能作为迷宫探险游戏的背景图。我们发现在背景库里没有迷宫的图案，那就自己绘制或者上传一个已有的迷宫图片作为背景吧。如图3-34所示，可以上传自己绘制或者保存的迷宫背景图片文件。

可以使用我们提供的迷宫图形，如图3-35所示。

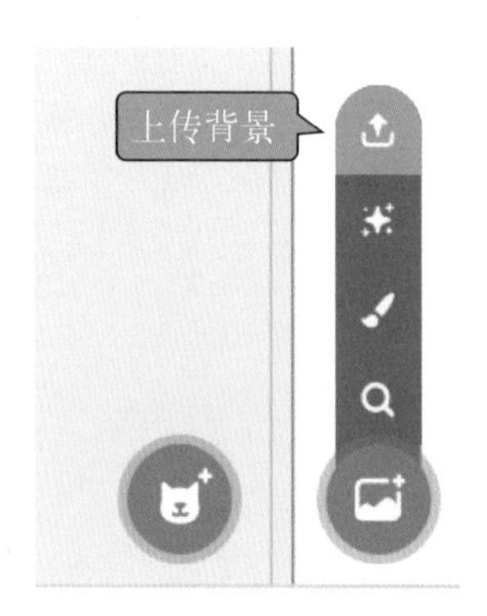

图3-34　上传背景

图3-35　上传的迷宫背景图

② 打开Scratch 3.0，点击“文件”→“新建项目”，将原来默认的小猫角色删除，如图3-36所示。

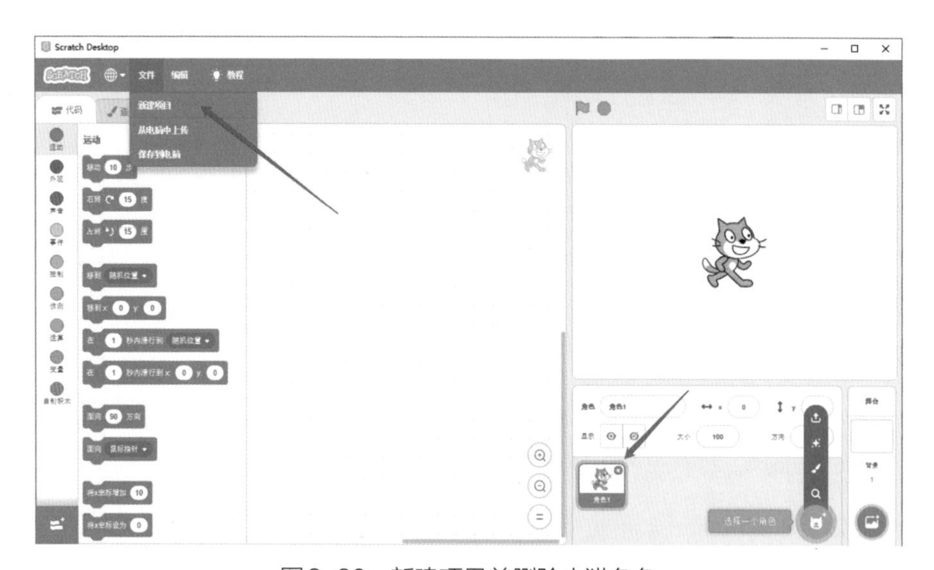

图3-36　新建项目并删除小猫角色

③ 然后选择角色：四把钥匙（Key1 ～ Key4）和一个卡通人物（小企鹅Penguin2），如图3-37所示。按照图的比例缩放角色大小，找到合适的比例范围。

图3-37 游戏角色

④ 在游戏中要通过上下左右键来移动小企鹅，说明小企鹅的位置一直在变化。那么它的位置变化怎么才能显现出来呢？

我们可以用x、y坐标分别来表示小企鹅的水平和竖直运动，这是两个变量。钥匙的数量也是一个变量。

我们来说明一下什么是坐标。在Scratch中，计算机是如何知道角色在什么位置呢？在游戏中又如何控制小企鹅往前后左右分别移动几步呢？这时，就需要借助“坐标”来进行标定。

下面用Scratch自带的坐标轴背景图为例来说明，可以看到横向x轴、纵向y轴和舞台中心的原点。如果想要确定一个角色的坐标，只需要从舞台中心的原点分别朝着水平横向、竖直纵向计算步数。从原点水平向右移动时x值为正数，向左移动时为负数。从原点向上移动时y值为正数，向下移动时y值为负数。

如图3-38所示为四个小猫的坐标，右下角的小猫坐标（124，–108）就表示

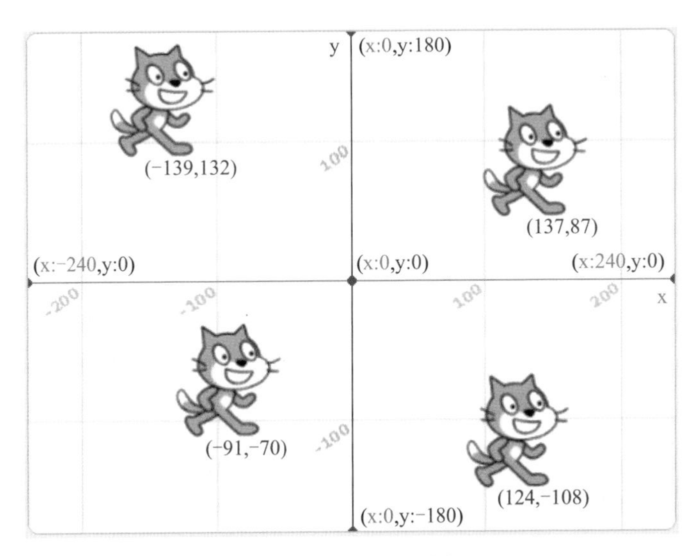

图3-38 小猫的坐标

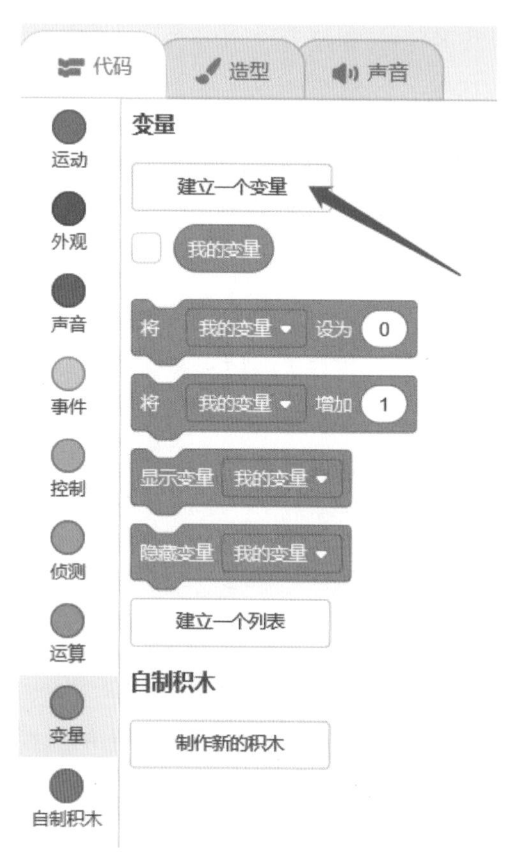

图3-39 建立新的变量

小猫是从舞台中心向右走124步，再向下走108步到了现在的位置。图中的每个位置都是唯一的，而借助坐标就可以知道角色的精准位置。

⑤ 现在讨论一下角色的x值、y值大小和钥匙的数量这三个变量如何能在舞台区显示出来。首先需要自己新建这三个变量，如图3-39所示。

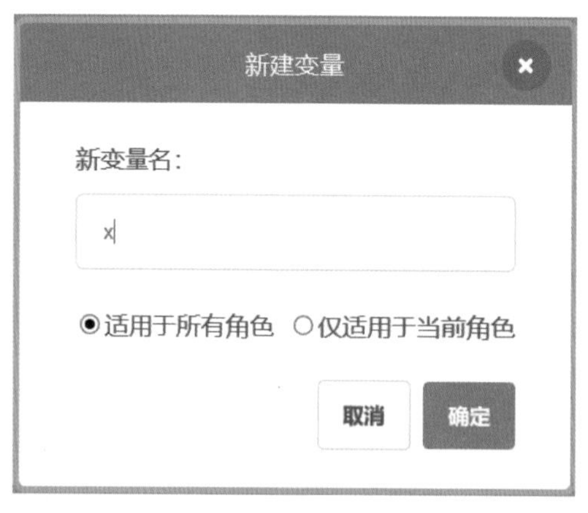

图3-40 新建变量-x

⑥ 新建的变量名称依次为x、y、钥匙数量（如图3-40至图3-42所示）。在新建变量时选择“适用于所有角色”，这样就避免了变量的显示受各个角色脚本的影响。

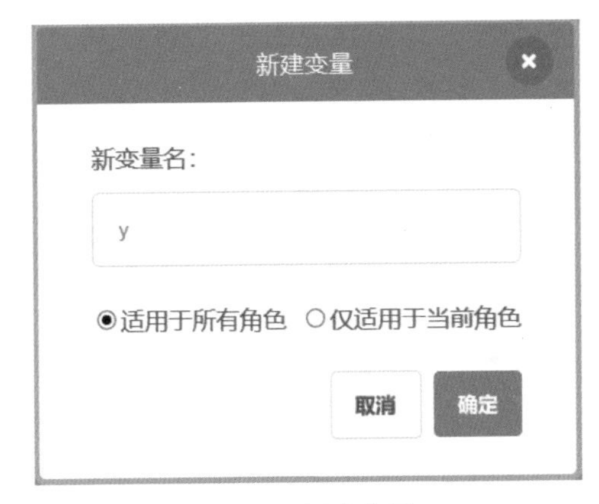

图3-41　新建变量-y

图3-42　新建变量-钥匙数量

接下来就要开始编程啦。

角色1：钥匙1

⑦ 按照图3-43所示布置好舞台区域的背景和角色，要把钥匙1放在屏幕的左上角。当点击Scratch的绿旗图标开始执行程序时，就会显示钥匙1这个角色。在小企鹅角色Penguin2还没有接触到钥匙之前钥匙一直在迷宫角落里处于等待状态。所谓接触就是小企鹅移动到了钥匙的所在地，相当于找到了钥匙。

图3-43　迷宫探险舞台区

找到钥匙后会有一段广播出来的声音，广播内容为“找到钥匙”。然后将被找到的“钥匙数量”这个变量增加1（初始值为0）。

当小企鹅接触到钥匙1之后就相当于被它取走了，因此这把钥匙就不再显示出来了。所以此时千万别忘了重新隐藏这把钥匙，让小企鹅继续寻找留在迷宫中的其余的钥匙。

⑧ 我们之前已经在舞台区设置好了变量，那么这时候如何标记钥匙数量的增加呢？在变量的积木块里找到可以让变量增加的指令，如图3-44所示。

选择它，然后在指令中的“我的变量”下拉菜单里选择具体的变量。如图3-45所示，选择“钥匙数量”，这个名字是我们之前自己加进去的。需要注意的是，只有经过新建变量并且被命名的变量才会在这里出现并可选。

图3-44　变量增加指令

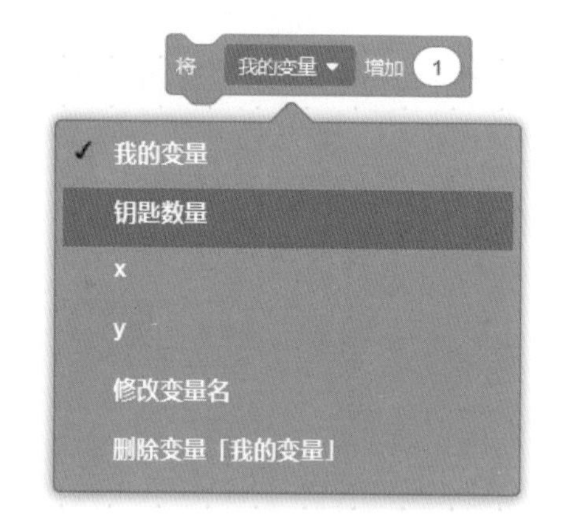

图3-45　将某个变量值增加1

⑨ 以上是我们设计角色的程序思路和开始的几步。下面简要地总结一下针对角色1：钥匙1的这几步，然后继续后面的设计。

a. 如图3-46所示，选择此积木块作为整个游戏程序的开始。

b. 使用图3-47所示的显示指令将游戏中的角色显示出来。

图3-46　当绿旗被点击指令

图3-47　显示指令

c. 钥匙显示出来后就在迷宫中的角落里等待某个事件的发生，也就是碰到小企鹅，因此要用到图3-48所示的等待事件指令。

d. 当钥匙与小企鹅相遇后会有一个提示的声音，广播消息指令提醒已经找到一把钥匙。如图3-49所示，该程序表示发出“找到钥匙”这四个字的读音。

图3-48　等待事件指令

图3-49　广播消息指令

e.每当找到一把新的钥匙后就会自动在原有的数量上加1。如图3-50所示，相当于又找到了一把钥匙。

f.找到钥匙后说明已经完成了一个任务（小企鹅将钥匙取走了），这在程序中就相当于将找到的这把钥匙隐藏起来。因此要使用外观积木块中的隐藏指令，如图3-51所示。

g.这样对钥匙1的角色已经编程完毕，完整程序如图3-52所示。

图3-50　变量增加指令

图3-51　隐藏指令

图3-52　钥匙1的程序

角色2～4：钥匙2～4

⑩ 我们发现钥匙2、钥匙3和钥匙4除了放置的地点与钥匙1不同之外，它们的程序是一样的。因此我们可以直接将钥匙1的程序复制过来。

将钥匙1的程序复制三遍，分别改名为“钥匙2”“钥匙3”和“钥匙4”，然后将这三把钥匙分别放在屏幕的右上角、左下角和右下角。

这三把钥匙的造型和脚本都与钥匙1一样，需要我们做的就是复制钥匙1的脚本（如图3-53所示），然后拖拽到角色区里，分别对

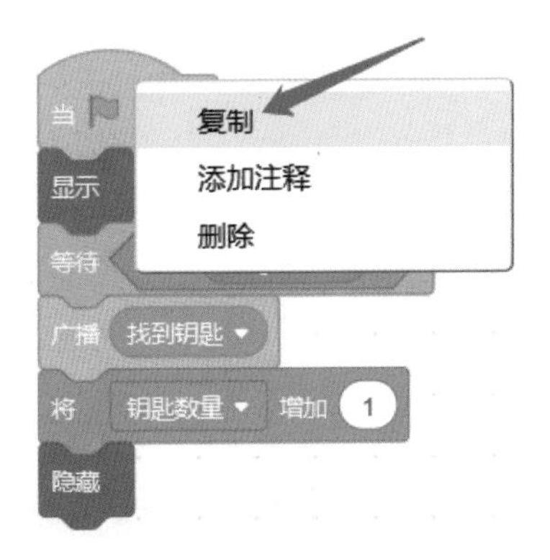

图3-53　复制钥匙1程序

准“钥匙2”“钥匙3”和“钥匙4”。由此可见，在Scratch编程中，一个游戏的程序脚本并不是只有一个，而是要针对不同的角色编写各自的程序脚本。

角色5：Penguin 2

⑪ 我们知道Penguin 2在迷宫里走动有两个变量，就是在x（水平）和y（竖直）方向上的移动。上下左右的行走需要用键盘上的↑ ↓←→键来执行。

如果每执行一次小企鹅只走一个单位数值的话，在游戏中小企鹅会走得特别慢。所以我们为小企鹅Penguin 2角色设定每步走5个单位。以坐标原点为基础，每按下一次键盘上的方向键就走5个单位，向上和向右是增加5个单位，向左和向下是减少5个单位。

例如，如果是按下向上键↑一次，就相当于向上移动5，程序中就是“将y坐标增加5”。如果是按下向左键←一次，就是向左移动5个单位，程序就应该是“将x坐标增加–5”（如图3-54所示）。在这里，“增加–5”就相当于减少5。

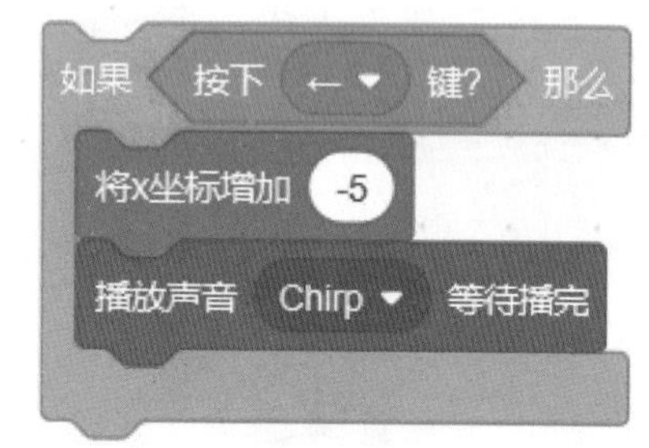

图3-54 小企鹅移动程序

⑫ 为了更生动，当Penguin 2移动的时候选择播放“Chirp”声音，捡起钥匙时播放“Fairydust”声音，当集齐四把钥匙时播放“Classical Piano”声音。

⑬ 当绿旗图标被点击时游戏开始。首先将被发现的钥匙数量设置为0（相当于还没有找到钥匙）。将小企鹅的x坐标保存到x变量中，将y坐标保存到变量y中。如果碰到墙壁，则小企鹅角色Penguin 2回到移动前的位置，同时播放“Lo Gliss Tabla”声音，表示已经撞墙了。

在程序里经常会用到条件语句，那么什么是条件语句呢？在日常生活中我们通常会根据不同的条件去做不同的事情。例如莉娜放学回家，想着明天是周末要和爸爸妈妈出去玩。妈妈给她的答复是：

如果明天是个晴天，那么我们全家就去公园玩；如果明天阴天，那么我们就去博物馆。

上面例子中的“如果……，那么……”语句就是根据不同的条件去做不同的事情，在程序中就叫作条件语句。例如，“当我们按下向左键时就让小企鹅向左移动”这个命令到底是如何操作的呢？

其实它的过程如图3-55所示，当判断出“是”的时候就让小企鹅向左移动，“不是”的话就不向左移动而去执行后面其他的程序。

在游戏脚本中用到的“如果……那么……”积木块就是起到这个作用的一个条件语句，如图3-56所示。当“如果”条件框中指定的条件真的发生时，“那么”下方的积木就会被执行；若指定的条件没有发生，就跳过“那么”里面包含的语句转而执行后续的积木块。

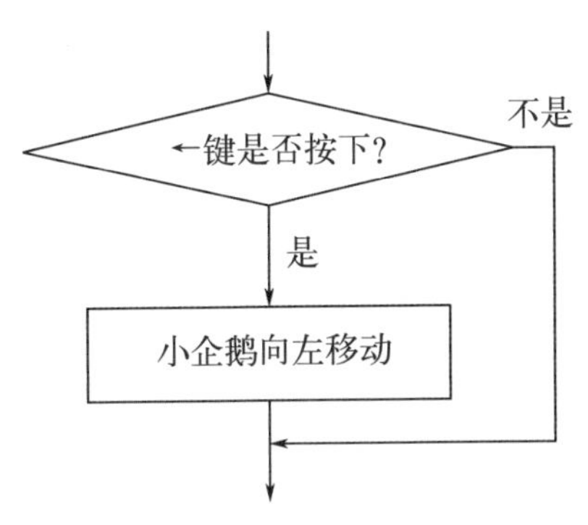

图3-55　小企鹅向左移动的流程图

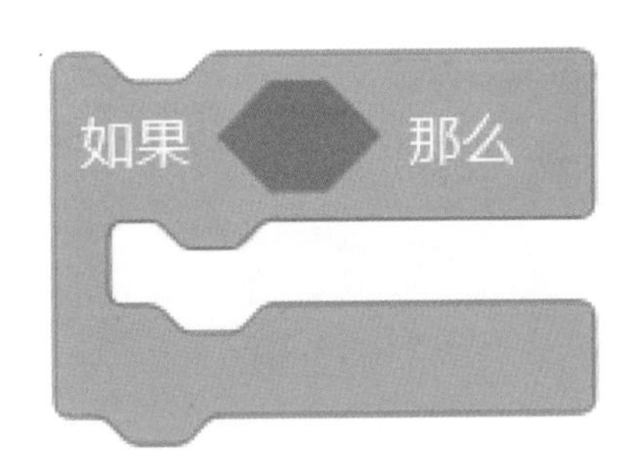

图3-56　“如果……那么……”条件指令

⑭ 小企鹅在不停地上下左右行走去寻找钥匙，这一过程是重复循环执行的。我们可以用一个“重复执行”积木块去完成，如图3-57所示。被“重复执行”积木块包围在里面的积木块会被无休止地循环执行。

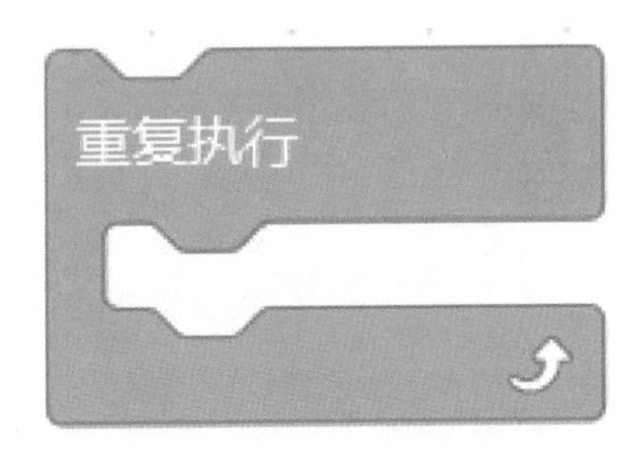

图3-57　“重复执行”指令

⑮ 此时小企鹅的移动程序已经完成，如图3-58所示。

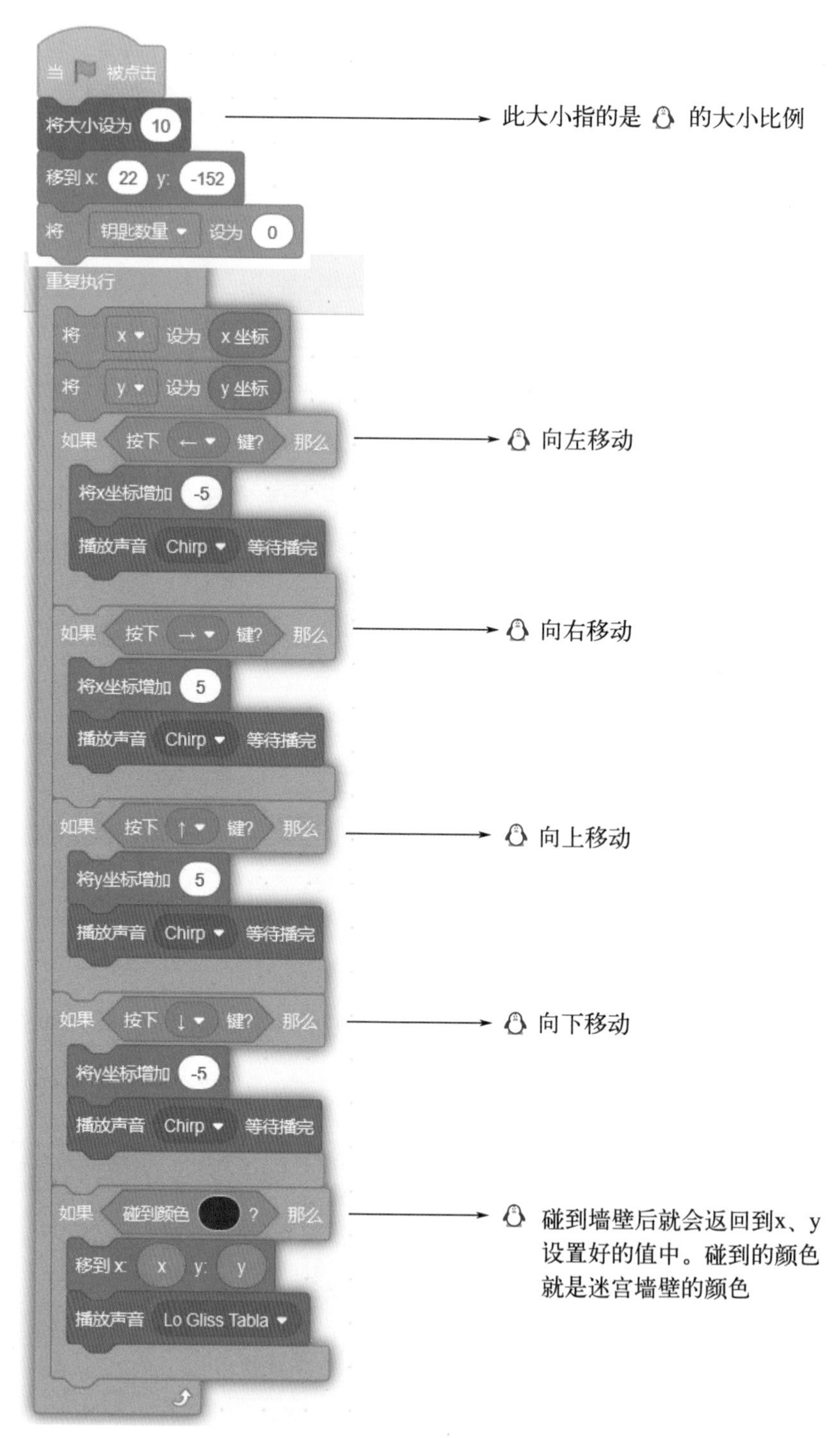

图3-58　小企鹅移动的完整程序

⑯ 小企鹅角色的移动程序完成后，还需要统计小企鹅收集到的钥匙个数。这时候需要有一个判断的过程，就是判断小企鹅是否已经把四个钥匙收集完。

收集完全部钥匙之后，这个游戏的任务就结束了，此时就要停止小企鹅角色的程序脚本并将它移动到屏幕中央，然后把小企鹅图像放大并播放声音“Classical Piano”，宣布玩家已找到全部钥匙，游戏结束。反之，还没有收集齐四把钥匙时则继续寻找。如图3-59所示，是为小企鹅角色编写的第二个程序，这段程序与前面的小企鹅移动程序都是为小企鹅这个角色编写的。

图3-59　小企鹅收集齐四把钥匙后的程序

⑰ 小企鹅每当找到一把钥匙后就会播放一段声音，因此再添加如图3-60所示的一段程序。

最终在游戏时呈现在舞台区的画面如图3-61所示。*x*、*y*坐标实时显示小企鹅的位置，被小企鹅找到的钥匙数量也在实时地统计中。

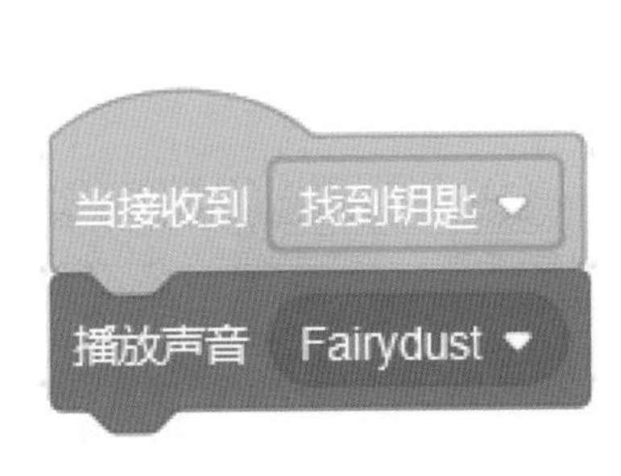

图3-60　小企鹅找到钥匙后的声音提示程序

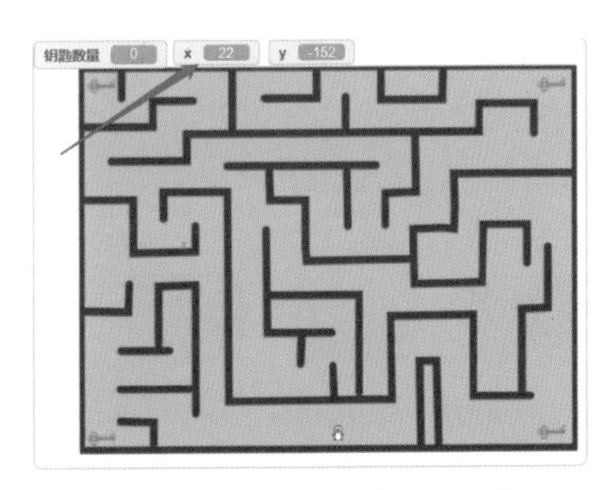

图3-61　迷宫探险的舞台效果

到这里，迷宫探险的游戏脚本全部完成，咱们可以尽情地玩啦。也可以和小伙伴们比拼一下，看看谁能更快地集齐四把钥匙并走出迷宫。

3.3 打地鼠

小伙伴们肯定玩过打地鼠的游戏吧。手里拿一个小锤子，敲打从各个洞里随机探出头的地鼠，打到地鼠就会得到加分！我们也可以利用Scratch来创作出这个小游戏。

游戏规则：在打地鼠游戏中有六个洞口。用锤子打地鼠，打中一个得一分，反之不得分，总共时间为30秒。每个玩家分别控制锤子打地鼠，到时间后得分多者获胜。

游戏方法：有一个地鼠在六个洞中随机出现，每次只出现在一个洞口（不会同时在两个洞口出现）。通过按动鼠标来控制锤子一上一下地运动。当时间倒计时为0时，游戏结束。

还是和前面的两个游戏一样，我们按照步骤来学习。

① 同样是先新建一个项目，依次点击“文件”→“新建项目”，然后删除默认的小猫角色。完成后在图3-62所示的背景图片库中选择一个背景，在这里我们选取广阔的草地Forest（“背景”→“户外”）。

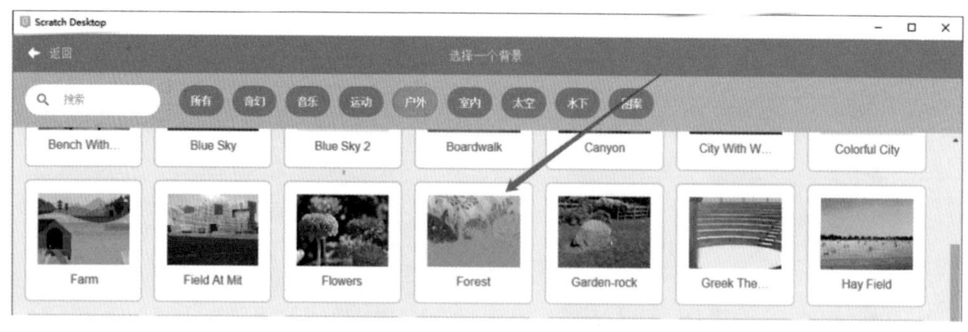

图3-62　背景的选择

② 然后绘制六个椭圆形的洞口。可以画出一个椭圆形后复制并直接粘贴五次，然后排列整齐（注意：复制与粘贴只能在矢量图里运行）。

再在每个椭圆形里填充类似土地的颜色（深颜色即可）。对每个洞口的填充也可以复制完一个之后再粘贴，其实还可以如图3-63所示使用取色器（类似于一个滴管的形状）取第一个洞口填充的颜色后再点击其余五个洞口。

图3-63　背景的造型编辑

③ 接下来开始挑选角色。我们在角色库里没有找到和游戏相匹配的地鼠和锤子的角色，所以如图3-64所示从电脑本地上传了两个角色，分别是地鼠和锤子（如图3-65所示）。当然，如果不在意的话也可以不选择地鼠和锤子而直接使用Scratch中提供的其他动物形象和击打工具。

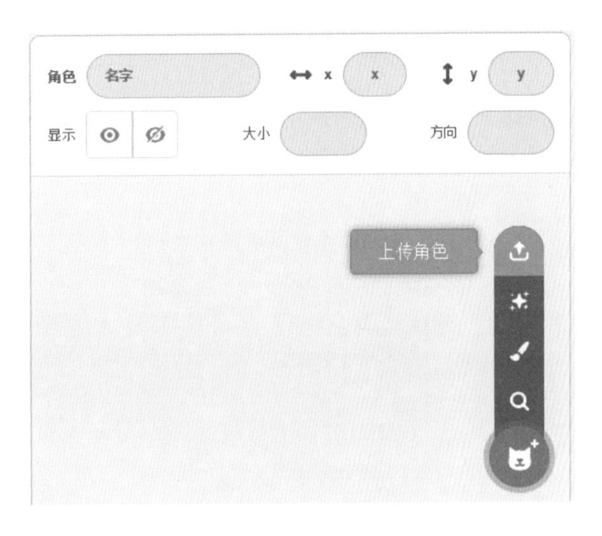

图3-64　上传角色

④ 然后如图3-66所示，将上传的地鼠角色命名为地鼠，并且为了与设计的洞口大小相适应，调整地鼠角色的大小比例为90。对锤子的大小也要适当地调整，如图3-67所示设为50。

图3-65　角色图片

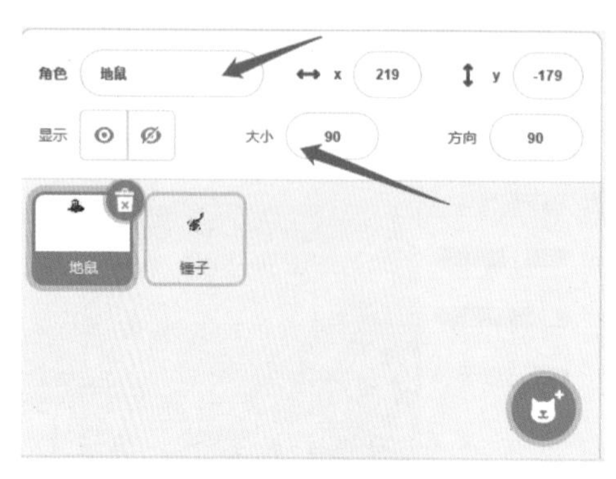

图3-66　地鼠的角色属性

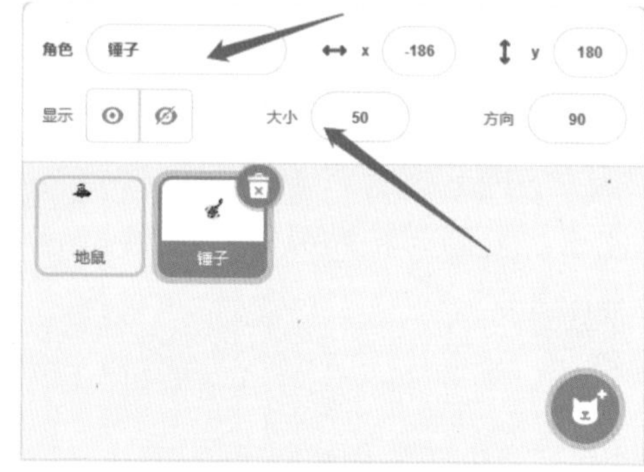

图3-67　锤子的角色属性

⑤ 需要注意的是：为了使设计的游戏更生动一些，锤子要有举起和落下这两个动作。打地鼠的时候锤子是落下的，其余情况锤子都是举起的造型。如何实现呢？

我们可以在锤子造型里编辑两个动作，分别是举起和落下。如图3-68所示，在造型界面中上传两个锤子的造型，一个举起，一个落下。落下的角度通过修改锤子旋转的角度即可完成。

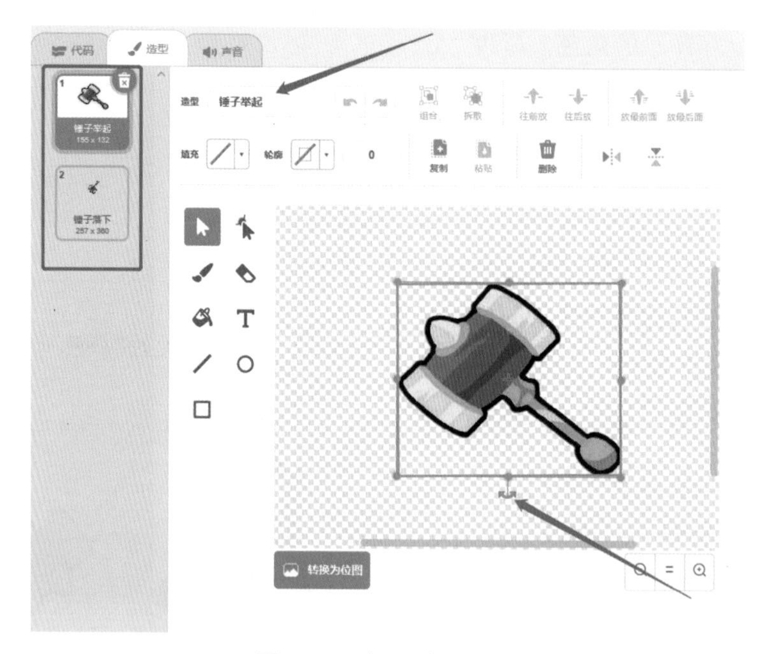

图3-68　锤子造型属性

角色1：地鼠

⑥ 我们在背景区设置了六个洞口，一只地鼠会随机地出现在其中的某一个洞口。在编程上就是设置一个在1到6之间出现的随机整数，这个数字是几就让地鼠出现在第几号洞口的位置。所以一共有六种情况，它属于条件语句。

在1到6之间随机取一个数，如果取的是1就让地鼠的坐标等于洞口1的位置（在前面的迷宫探险游戏中已经介绍了坐标的概念），这就能让地鼠出现在洞口1。

如图3-69所示，给出了洞口1坐标的x值和y值。与此对应，让地鼠在洞口1出现的程序如图3-70所示。

图3-69　地鼠角色属性

图3-70　地鼠出现在洞口1的程序

⑦ 地鼠出现在洞口1的程序已经完成。那么如何能让地鼠随机地出现在某个洞口呢？下面给出了地鼠出现在六个洞口之一的程序，如图3-71所示。

⑧ 我们在玩打地鼠游戏时会有时间限制。当规定的时间用完则游戏结束，得分多者获胜。所以我们设计游戏时还会用到打地鼠的得分分数和游戏时间这两个值，也就是利用图3-72来建立两个新变量——分数和时间。

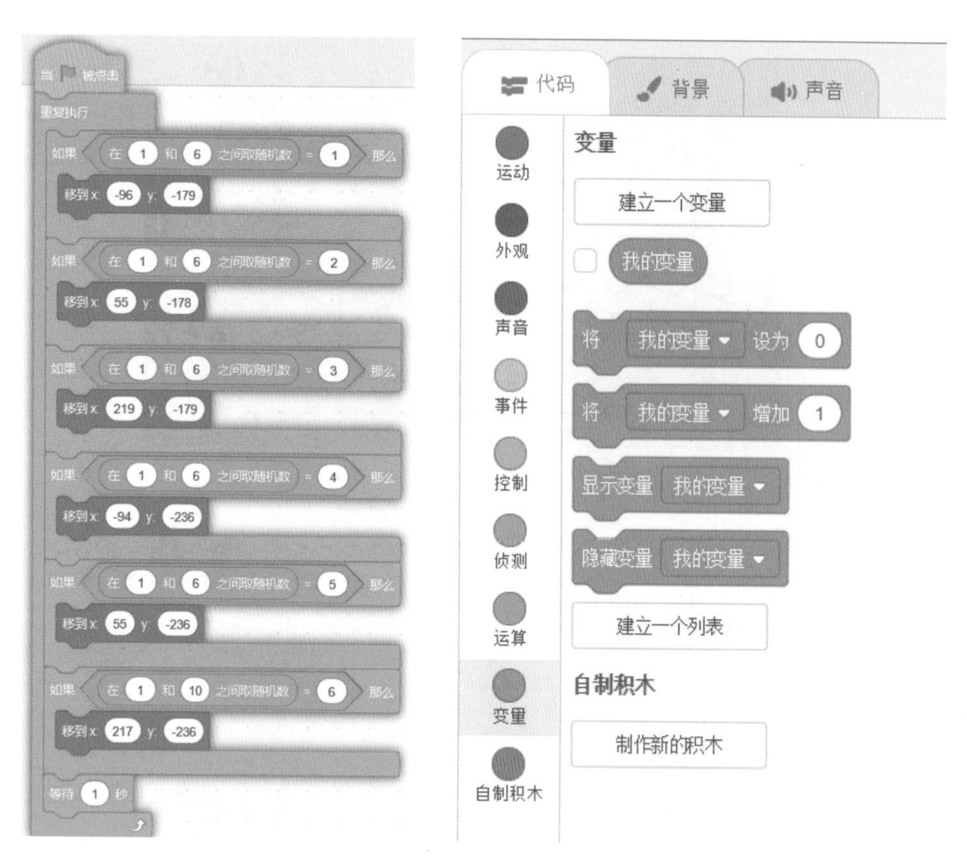

图3-71　地鼠的随机出现程序　　　　图3-72　新建变量

如图3-73和图3-74所示，在新建变量里要注意有两个选择："适用于所有角色"和"仅适用于当前角色"。因为我们要设定的这两个变量都是针对整个舞台区的，即这两个变量值不只是针对某个角色，所以应选择"适用于所有角色"。

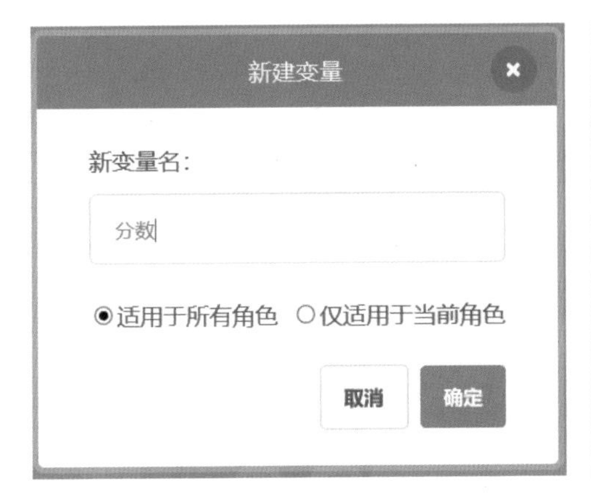

图3-73　新建分数变量

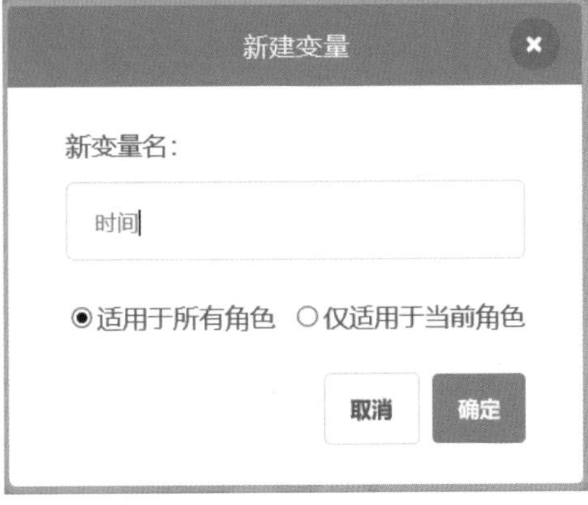

图3-74　新建时间变量

⑨ 在游戏开始时先设定初始值：得分为0，时间限定为30秒，如图3-75所示。

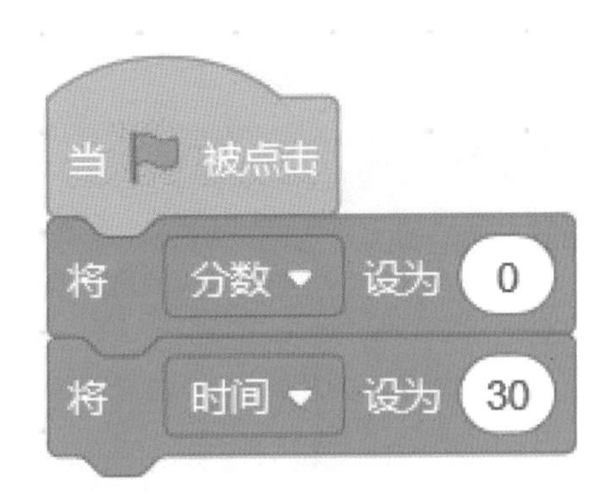

图3-75　打地鼠游戏的初始条件

⑩ 那么如何计算得分呢？这需要同时符合以下两个条件：按下鼠标并且同时锤子触碰到从洞口露头的地鼠。如果只满足一个条件是不能得分的，需要同时满足这两个条件才可以。也就是"条件一要满足并且条件二要满足"。这个"并且"表示的是一种逻辑关系。

小知识

我们都学习过加减乘除四则运算，但我们不能通过四则运算去解决逻辑问题。要想解决逻辑问题就要运用逻辑运算。基本的逻辑运算只有三种："与""或"和"非"，如图3-76所示。上面提到的"按下鼠标并且同时锤子触碰到从洞口露头的地鼠"，即"条件一要满足并且条件二要满足"，就要通过逻辑"与"来求解，下面再详细解释。

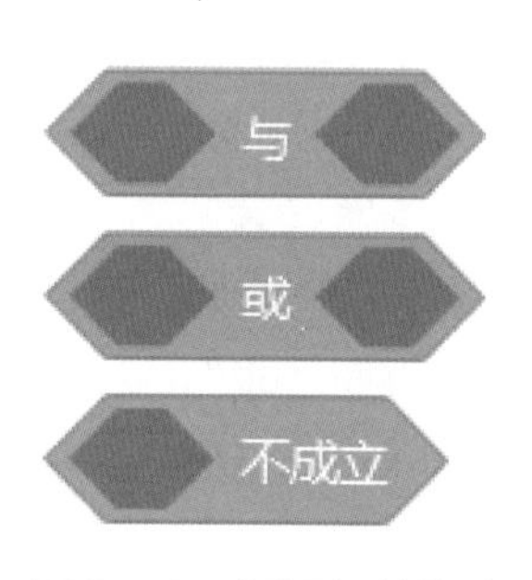

图3-76　逻辑运算指令

我们知道四则运算是数值在做加减乘除。同理，在逻辑运算里也是逻辑值在运算。计算机中只有两个逻辑值，真（true）和假（false）。"真"是指某个条件成立，而"假"就是不成立。

例：判断1 > 2是否正确。

解：这个表达式显然不成立。所以"1 > 2"这个式子的逻辑值是假（false）。

例：判断1+1=2是否正确。

解：这个表达式成立。所以"1+1=2"这个式子的逻辑值为真（true）。

了解了逻辑值的真与假后，我们再来学习两个逻辑值之间的三种逻辑运算，即"与""或"和"非"运算。

逻辑"与"：如果两个表达式或条件同时成立，则整个表达式就成立。

例：小时候爸爸妈妈总让我们少吃糖，想吃糖还需要经过爸爸和妈妈的同意。如果只有一方同意，那我们还是吃不到糖，所以必须得到爸爸和妈妈两个人都同意才可以。也就是"爸爸同意让我吃糖”和“妈妈同意让我吃糖”这两个条件中只要有一个条件不成立，我就吃不到糖。这就是“与”的关系，它表示两个条件同时成立才行。在Scratch中，逻辑“与”的命令积木如图3-77所示。

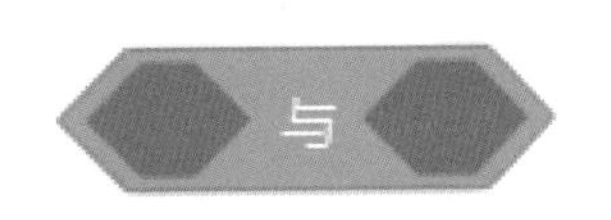

图3-77 Scratch 3.0的逻辑“与”指令

逻辑“或”：在两个表达式中只要有一个条件成立，则整个表达式就成立。

例：还是吃糖的问题，但改变了规则，现在只要爸爸或者妈妈任何一个人同意，小朋友就可以吃糖。这个就是“或”的关系，在Scratch中逻辑“或”的命令积木如图3-78所示。

图3-78 Scratch 3.0的逻辑“或”指令

逻辑“非”：取表达式或条件的逻辑值相反的结果。

图3-79 Scratch 3.0逻辑“非”指令

逻辑“非”是对某一个逻辑值取它的相反的值。如果原先的逻辑值是“真”(true)，对它做逻辑“非”的运算就是将逻辑值变成“假”(false)，反之亦然。在Scratch中逻辑“非”的命令积木如图3-79所示。在使用该指令时，只有当某个条件不成立时才执行后面的程序。

Scratch的逻辑运算积木块都是六边形，可以直接输出“真”(ture)或“假”(false)，对应数值运算中的1和0。

回到前面的问题，“按下鼠标并且同时锤子触碰到从洞口露头的地鼠”时才能得分。按下鼠标与锤子触碰到地鼠这两个条件的逻辑“与”的计算如图3-80所示。

图3-80 鼠标和锤子的同步操作指令

⑪ 如何将图3-80作为条件来进行编程呢？只有“按下鼠标”与地鼠“碰到锤子”两个条件同时满足时才得分，完整程序如图3-81所示。

图3-81　得分程序

⑫ 到此为止打地鼠的动作已经完成。而在整个游戏过程中要不断重复地打地鼠，因此需要有重复执行的指令。完整的脚本如图3-82所示。

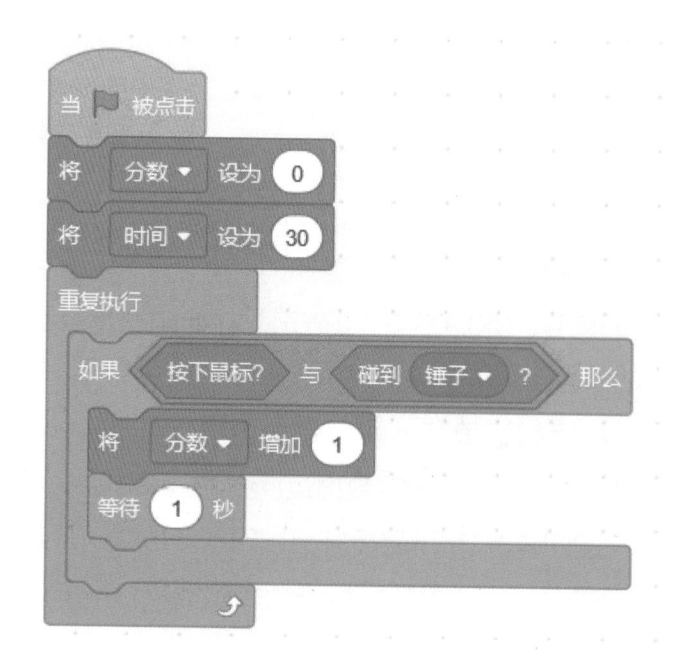

图3-82　打地鼠游戏的分数程序

⑬ 如何计算得分的问题已经解决了。还有一个变量即游戏时间的问题尚未解决。当绿旗图标被点击时开始计时，这里的时间在初始化程序中已经设定为

30秒，我们只需要倒计时即可。那么时间一秒一秒地倒计时是怎样实现呢？

前面我们认识了正数和负数，那么将时间减少1在程序中就是将时间变量值增加了负1，实际上就是减少了1。在变量积木块中找到“将变量增加”的指令，选择变量名称为“时间”，如图3-83所示。

因为将时间变量每减少一个数值就相当于倒计时1秒，所以设定等待时间为1秒，如图3-84所示。

图3-83 “将变量增加”指令

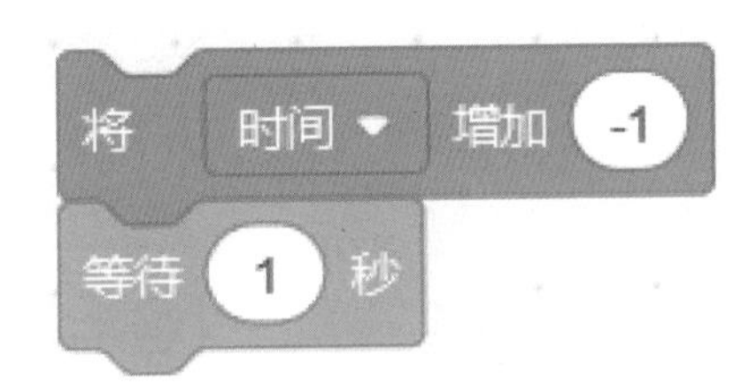

图3-84 倒计时1秒程序

⑭ 根据我们设定好的30秒时间，需要将此程序执行30次。所以需要将图3-84所示的程序加入一个重复执行30次的循环中，如图3-85所示。

⑮ 当倒计时30秒后时间为0，游戏结束，此时就要停止全部脚本的运行。选择的停止脚本指令如图3-86所示。

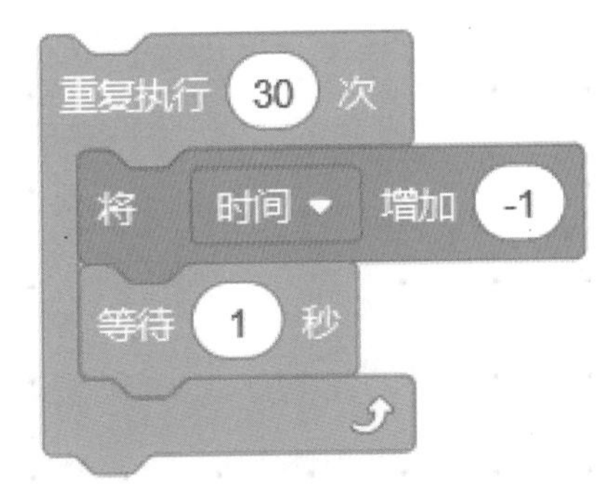

图3-85 倒计时30秒程序

图3-86 停止脚本程序指令

这部分时间倒计时的完整脚本如图3-87所示。

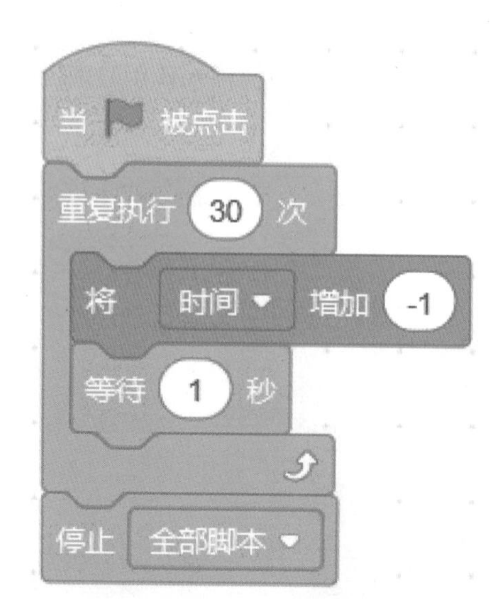

图3-87 时间倒计时脚本程序

到此为止地鼠的角色脚本已经完成。下面我们看看锤子的角色脚本是怎么编程的。

角色2：锤子

⑯ 在鼠标没有被按下时锤子是举起来的样子，因此当游戏开始时要显示锤子举起的造型。首先选择锤子的角色并完成如图3-88所示的脚本。

⑰ 如果发现了地鼠从某个洞口里冒出，就需要快速移动锤子到那个洞口并击打（接触）地鼠，而只有按下鼠标并且锤子是落下的状态时才能打到地鼠。这就说明锤子在舞台区的位置是要跟随鼠标移动的。因此移动鼠标的x、y坐标值就相当于移动锤子，如图3-89所示。

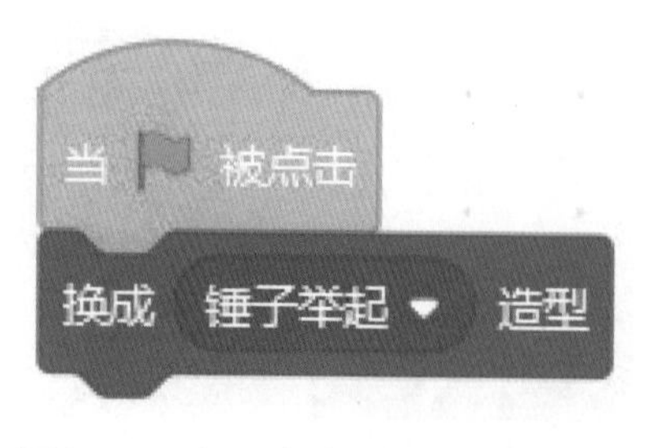

图3-88 锤子角色脚本的初始条件

⑱ 如果按下了鼠标则切换到锤子落下的造型，但是只要鼠标没有被按下就切换到锤子举起来的造型。我们用到了如图3-90所示的控制积木块：如果……那么……，否则……。

移到 x: 鼠标的x坐标 y: 鼠标的y坐标

图3-89　锤子移动后的坐标

在这个条件控制指令里加入切换锤子造型的内容后如图3-91所示。

⑲ 打地鼠的动作并不是只有一次，而是一直重复执行锤子举起和落下的造型变换。这需要使用一个重复执行的指令，如图3-92所示。

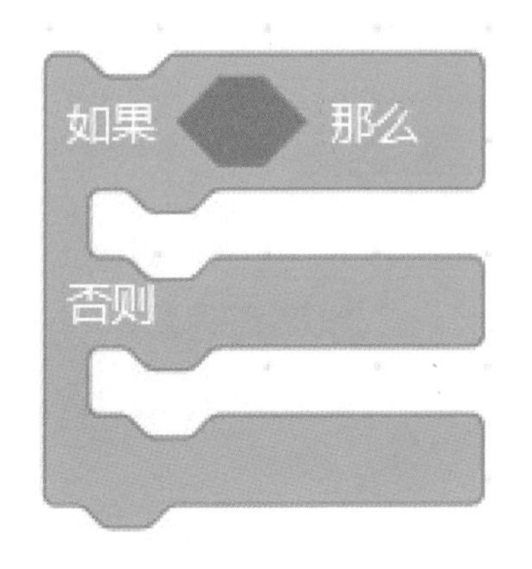

图3-90 “如果……那么……，否则……”条件控制指令

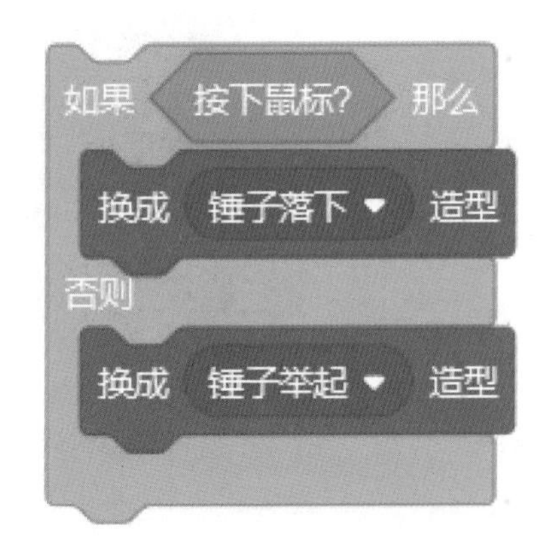

图3-91　锤子的动作程序

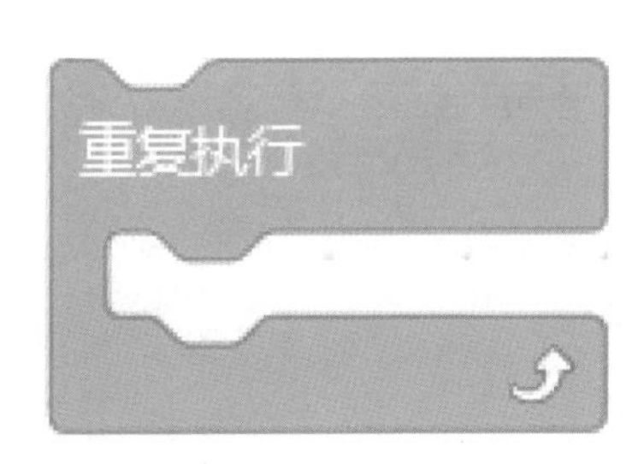

图3-92 “重复执行”指令

此时整个锤子的脚本已经完成。完整的程序如图3-93所示。

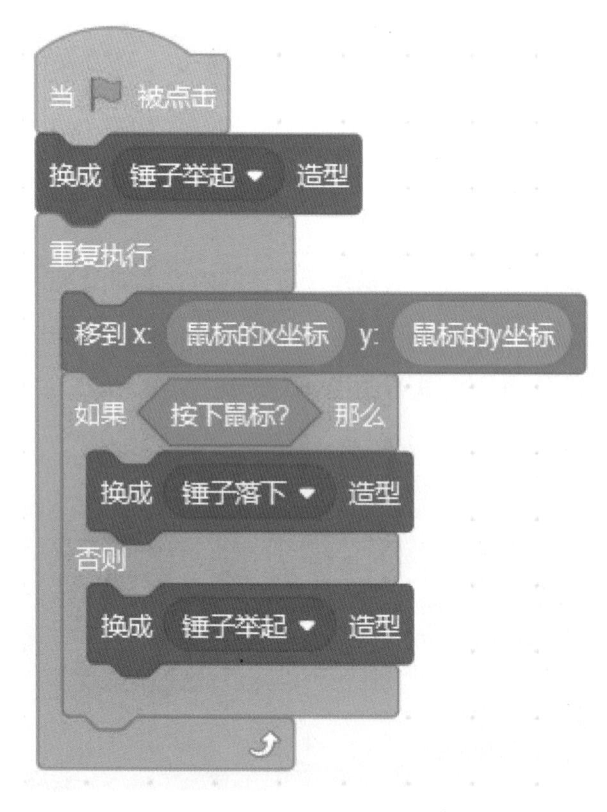

图3-93 锤子角色的脚本程序

打地鼠的游戏完成啦，看看程序还有没有可以再继续完善的东西呢？对了，加一个音效如何？还有就是在游戏结束时给出文字或者语音提醒是不是效果更好呢？请读者朋友发挥聪明才智，和小伙伴们一起完善这个游戏吧！

3.4 海底两万里

《海底两万里》是法国科幻作家儒勒·凡尔纳的代表作之一。描写的是船长尼莫和他的“鹦鹉螺号”在海底旅行中，与他的“客人们”一起饱览了海底变幻无穷的奇异景观和形形色色的生物的故事。他们旅行途经了太平洋、印度洋、大西洋、南极，最终回到北冰洋。在旅行过程中经历了搁浅、土著人围攻、同鲨鱼搏斗、冰山封路、受到章鱼袭击，最终回到挪威海岸等一系列惊心动魄的故事。这本书是凡尔纳的巅峰之作，把对海洋的幻想发挥到了极致。那么我们对于海底的世界知道多少呢？

莉娜一直希望去海洋馆参观，这个周末爸爸妈妈将带她去海洋馆玩儿。莉娜希望看到那里的多种海洋生物，既有很小的珊瑚礁鱼类，又有很大的鲨鱼鲸鱼。我们也试着利用Scratch来把多彩绚丽的海底世界的样子描绘出来吧。

① 和前几个游戏一样，首先建立一个新项目（“文件”→“新建项目”），将角色区默认的小猫去掉。

② 接下来选择海洋的背景图。在图库的分类中找到“水下”，在此分类里选择Underwater2图片（如图3-94所示）。当然，如果觉得这里提供的图片不满意，也可以使用自己上传的海底图片作为背景。

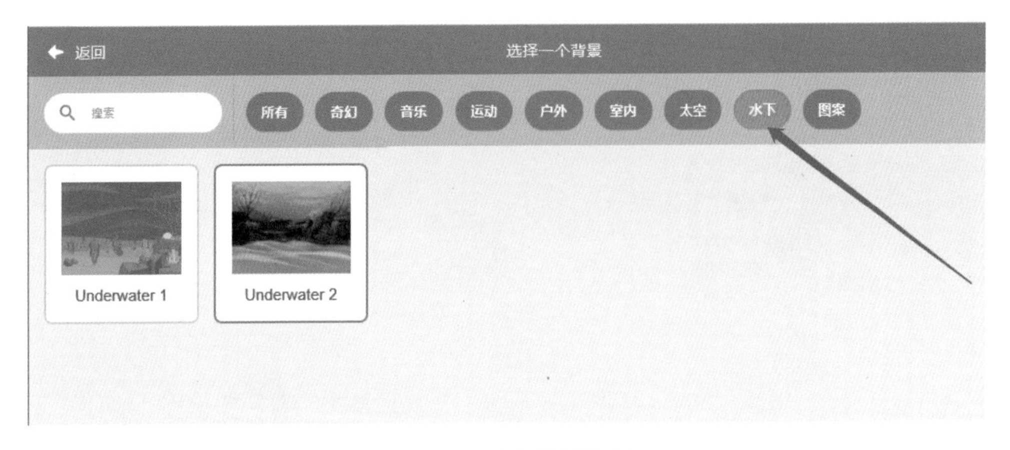

图3-94　选择海洋背景

③ 现在想一想海底深处都有什么呢。有鱼、海星等动物，还有一些海洋植物等。我们在角色库里找找都有哪些。依次选择螃蟹、鱼、鲨鱼、海星和潜水员这五种角色。为了方便脚本的编辑，在角色区分别对角色的名称进行编辑，如图3-95所示。

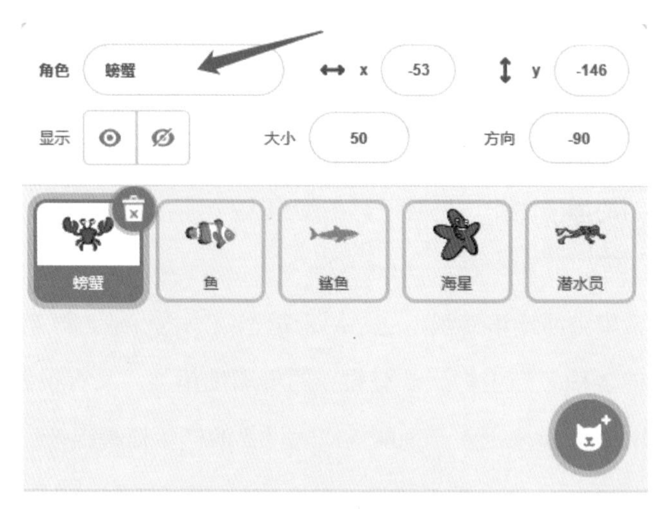

图3-95　确定角色的名称

④ 为了使游戏的视觉感更协调，我们根据舞台区域的大小调整角色的大小。依次将螃蟹、鱼、鲨鱼、海星和潜水员的角色大小调整为50、70、100、30和80，如图3-96所示。

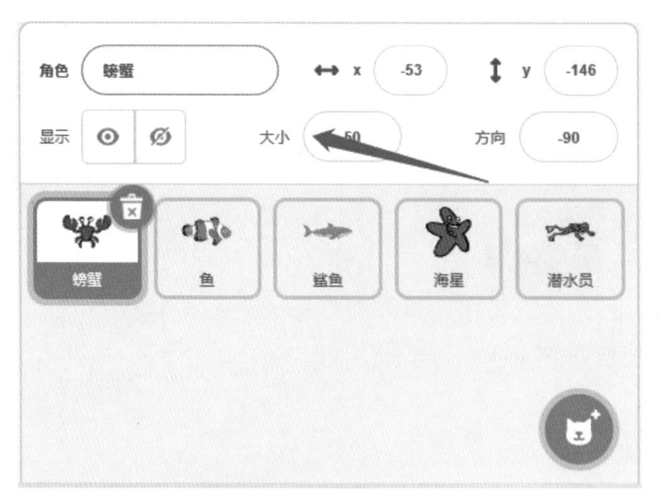

图3-96　调整角色的大小

角色和背景都设置完毕后，我们开始编程。

角色1：螃蟹

⑤ 螃蟹的走路姿势非常有趣，它是横着走。所以我们在脚本区中写螃蟹动

作的程序时不需要有上下运动的动作指令，只考虑左右移动的动作指令即可。

此外在图3-97的左侧，从上到下分别给出了螃蟹角色的两个造型。上面的造型是两只钳子闭合的状态，下面的造型是两只钳子张开的样子。我们在编辑脚本时可以通过依次显示这两个造型而把螃蟹两只钳子的闭合与张开的动作体现出来。

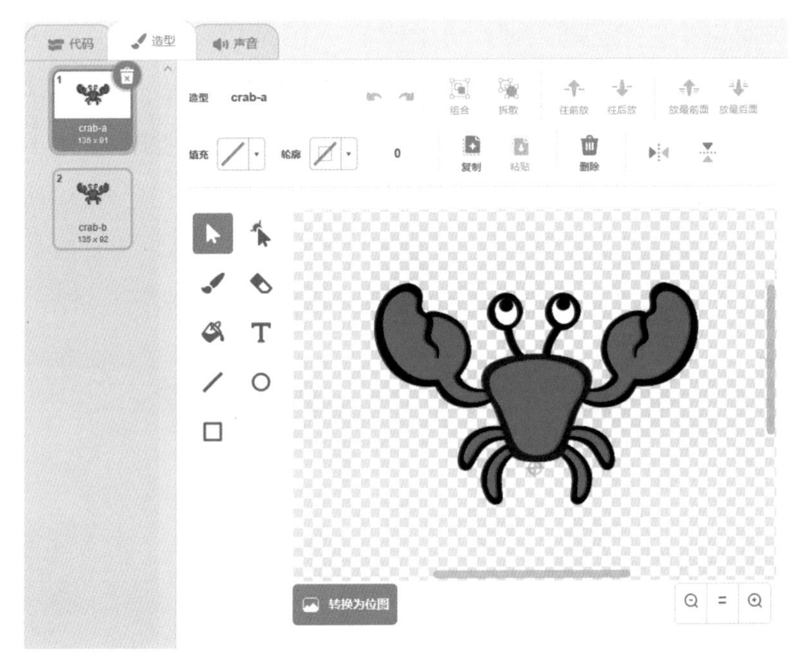

图3-97 螃蟹角色的造型

⑥ 当绿旗图标被点击时，作为程序的开始，需要给螃蟹一个移动的指令。而等碰到背景的边缘时，还需要考虑螃蟹该怎么行走：是碰到边缘后立即停止呢？还是折返回来继续行走？

如果碰到边缘就停止，我们试想一下：其实海底是非常大的，只是我们的舞台区域有限而已。所以干脆在这里加一个运动积木块的指令：碰到边缘就反弹（如图3-98所示）。

此外刚刚说到螃蟹有两个造型，因此需要有一个指令使两个造型来回切换。为此我们使用代码区里的外观积木块中的一个指令完成造型的切换（如图3-99所示）。

图3-98 “碰到边缘就反弹”指令

图3-99 “下一个造型”指令

⑦ 在脚本区切换造型的过程中还需要有一个延时等待，我们设置的等待时间是0.3秒。这是一个细节的问题，大家可以尝试其他数值看一下效果，或者看看如果不设置等待时间会有什么效果。到此为止，脚本区的程序如图3-100所示。

因为螃蟹的动作会一直重复下去，所以在控制的积木块里还要使用重复执行的指令，如图3-101所示。

⑧ 最终，螃蟹角色的程序完成了，如图3-102所示。

图3-100 螃蟹角色行走的脚本程序

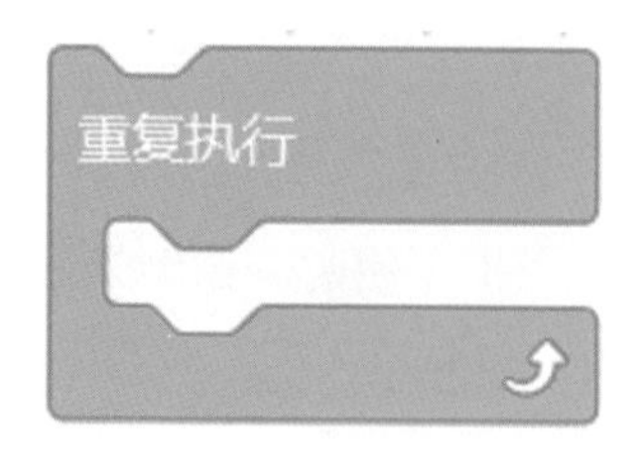

图3-101 重复执行指令

图3-102 螃蟹角色的脚本程序

角色2：鱼

⑨ 大家在语文课上是否做过这样的造句：小鱼在水里自由自在地游动。我们知道鱼不像螃蟹那样只会左右爬行，它还可以上下游动。而当鱼碰到边缘时也会进行反弹，然后调转方向继续游动。

如何调转方向呢？在这里我们用到运动积木块的一个指令改变旋转方式（如图3-103所示）。

图3-103　改变旋转方式指令

在旋转方式的下拉菜单中可以看到有不同的旋转选项，我们选择左右翻转，如图3-104所示。

⑩ 鱼的游动方向会一直变化，而运动积木块中的移动只能让角色朝着上下左右方向运动。如何实现鱼的自由游动呢？我们可以选择右转或左转指令，如图3-105所示。

如果是设置为左转，目前为止的程序如图3-106所示。

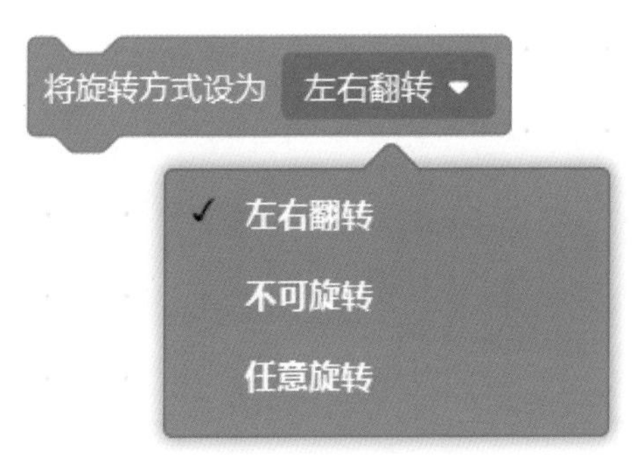

图3-104　将旋转方式设定为左右翻转

图3-105　右转或左转指令

图3-106　鱼游动的脚本程序

大鱼吃小鱼，小鱼吃虾米，虾米吃泥巴。海洋中的生物种类多种多样，它们扮演着不同的角色，彼此之间都有一定的联系。这种相互关联在生态学上被称为食物链。

⑪ 当然我们这个海底两万里的游戏也会涉及食物链的问题。角色2对应的鱼是小鱼。当另一个角色大鱼（鲨鱼）吃掉小鱼后，小鱼会消失。怎么才能在游戏中表示被吃掉的小鱼呢？

我们在这里设定只要鲨鱼和小鱼互相碰到，小鱼就会消失不见。这时用到的条件语句是：如果碰到鲨鱼，那么小鱼就消失（隐藏）。这样就实现了大鱼吃小鱼的场景，程序如图3-107所示。

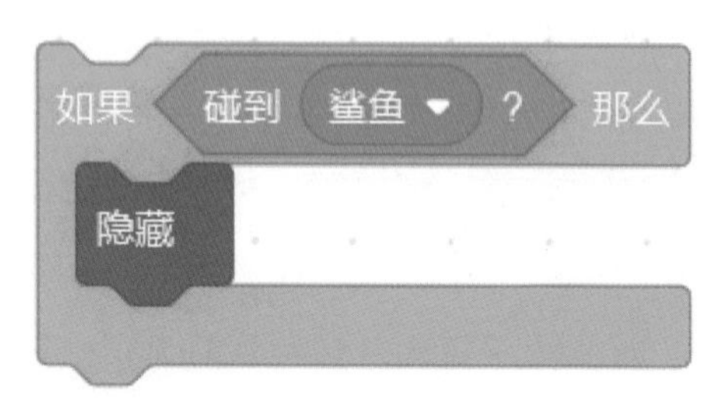

图3-107　鲨鱼吃小鱼的脚本程序

⑫ 现在小鱼有四个造型，从上到下分别排列在了图3-108的左侧。大家可以选择自己喜欢的一个造型。

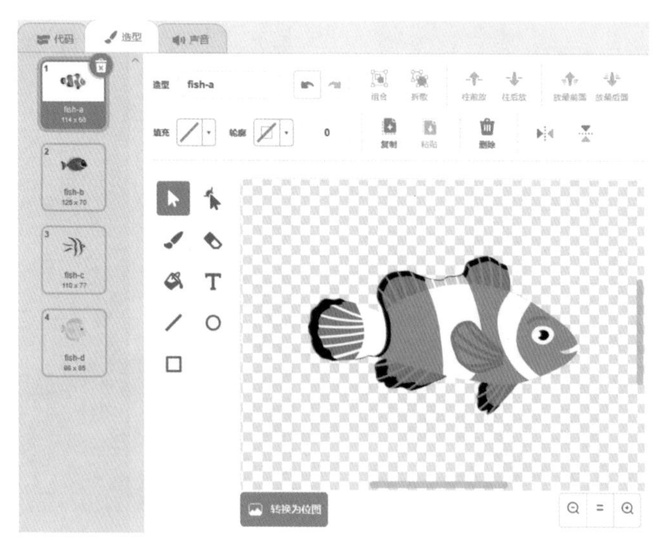

图3-108　小鱼角色的造型区

当大鱼（鲨鱼）吃掉小鱼之后，小鱼通过“隐藏”指令就不会出现了。但是这样就会导致游戏场景中的小鱼越来越少而显得无趣。

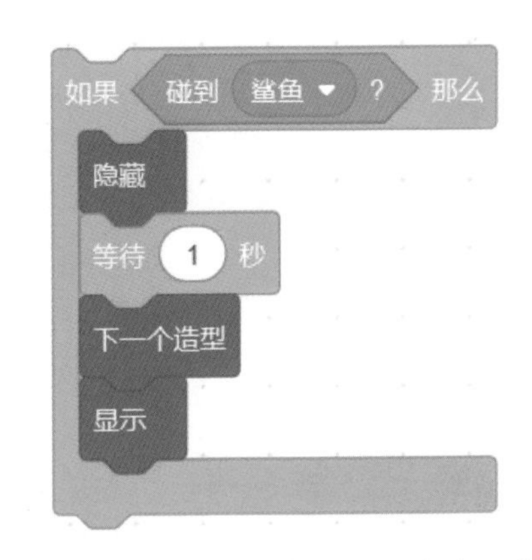

图3-109　小鱼角色的部分脚本程序

为了解决这个问题，在游戏中我们可以让因被吃掉而隐藏的小鱼经过一段时间之后以另一种造型再次出现（图3-108的左侧显示出小鱼有四种造型）。而再次出现的小鱼并不是之前被吃掉小鱼的“再生”，而是表现为其他类型的小鱼了。这部分的程序如图3-109所示。

⑬ 整个角色2（小鱼）的程序已经完成，如图3-110所示。

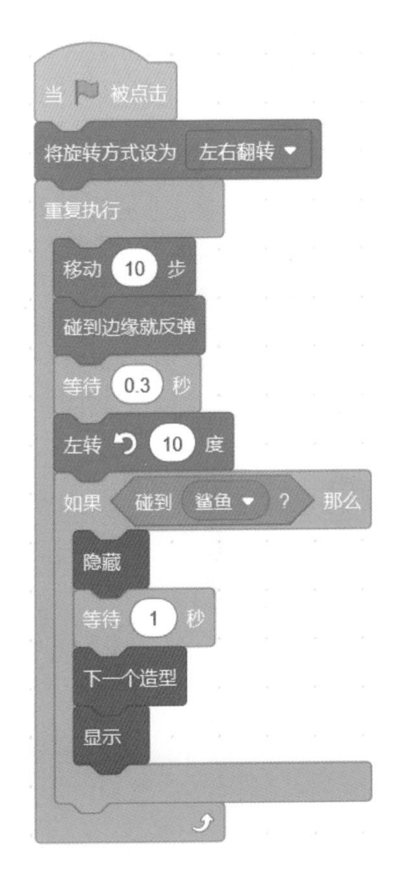

图3-110　角色2（小鱼）的脚本程序

⑭ 角色3～5分别是鲨鱼、海星和潜水员。对应的程序和角色1螃蟹的程序相似，我们可以通过复制角色1的脚本并用鼠标拖拽到角色区里的相应角色位置即可。

这样就完成了脚本的复制（如图3-111所示），当然还需要针对不同角色进行修改。

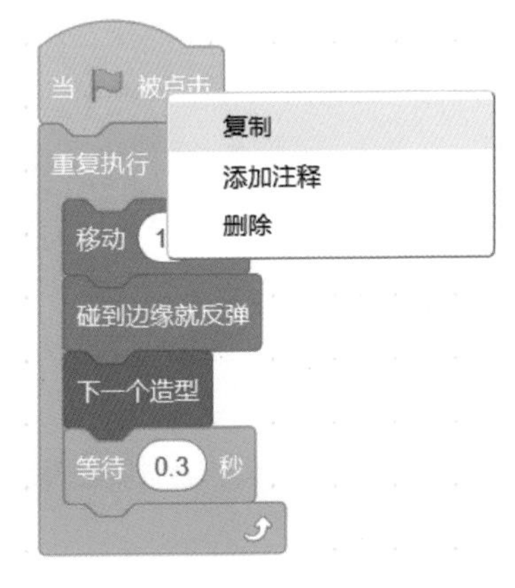

图3-111　脚本复制

角色3和5：鲨鱼和潜水员

⑮ 我们发现鲨鱼有两个造型（如图3-112的左侧所示），因此需要的话可以实现造型的切换。在这个游戏中我们没有改变鲨鱼的造型。

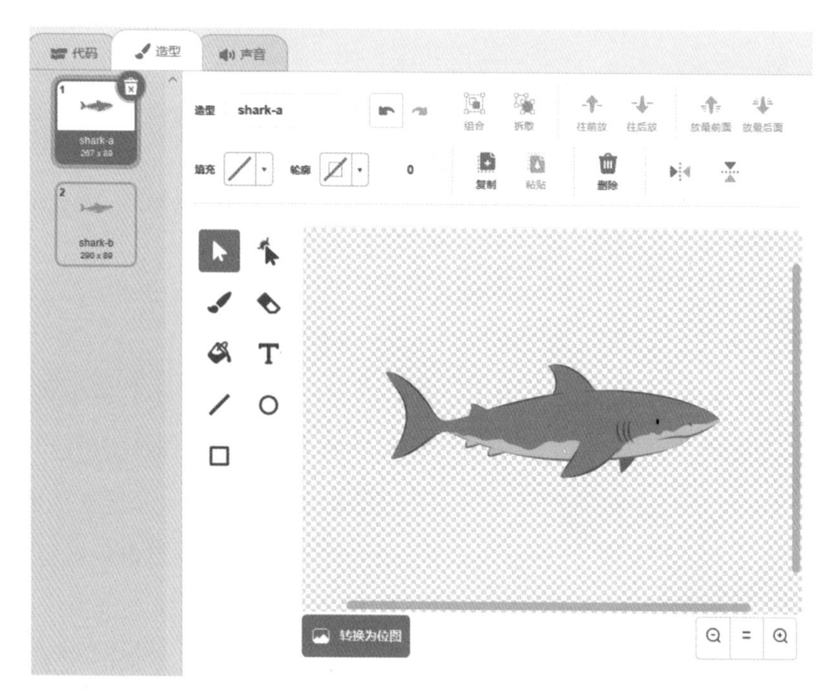

图3-112　角色鲨鱼的造型

⑯ 鲨鱼和潜水员都可以自由自在地游动，所以也需要加一条运动积木块，如图3-113所示。

图3-113　“左转……度”指令

⑰ 完成后的鲨鱼程序和潜水员程序相同，如图3-114所示，将该程序分别赋予角色3鲨鱼和角色5潜水员。

图3-114　鲨鱼和潜水员角色的脚本程序

角色4：海星

⑱ 海星的样子如图3-115所示，也有两个造型。这两个造型可以实现切换，使游戏中的角色更生动。

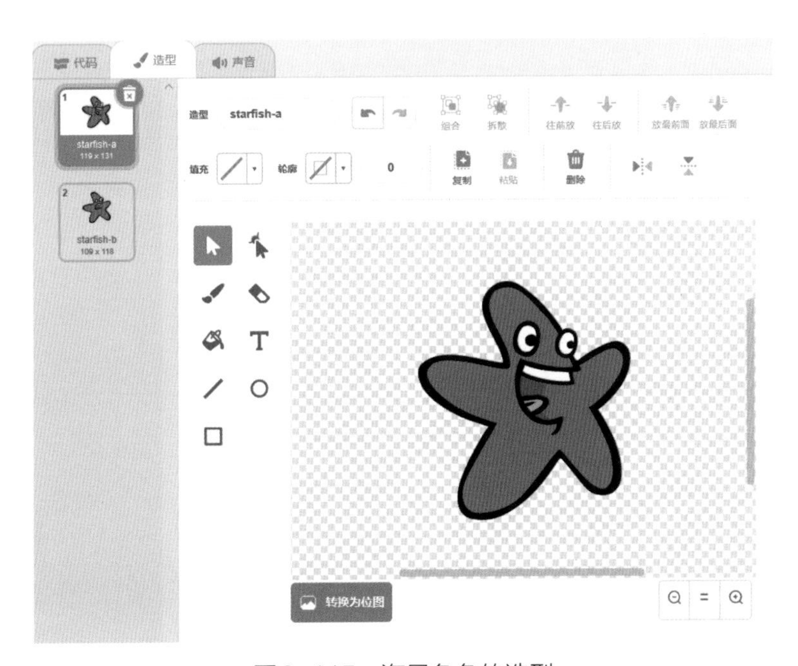

图3-115　海星角色的造型

⑲ 海星的脚本和螃蟹的脚本相同（如图3-116所示），所以直接复制螃蟹的脚本给海星的角色即可。

到此为止，海底两万里游戏的脚本编辑完毕，小伙伴们可以自己试一试游戏的效果了。当然还可以添加音效以及其他种类的海底生物来丰富我们的游戏。

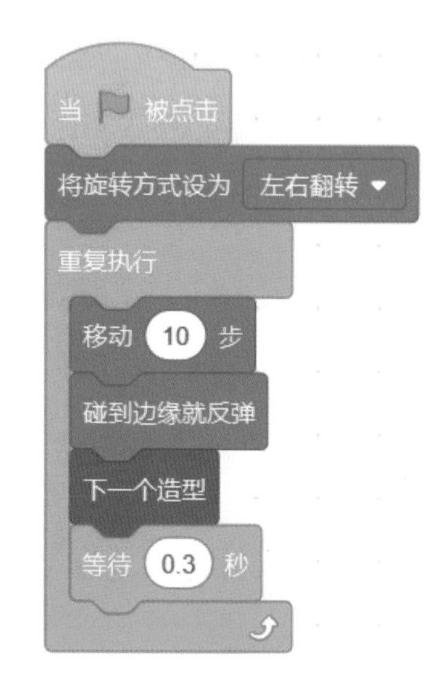

图3-116 海星角色的脚本程序

趣味问答

1. 在Scratch 3.0中设计一个新游戏的第一步工作是什么？
2. 音乐简谱中的音符“1 2 3 4 5 6 7 i”在Scratch 3.0中的数值分别是什么？
3. 在“乐队演奏”这个游戏中，当我们在键盘中按下“1”这个键时，Scratch 3.0的舞台区中数字“1”这个角色就会“跳动”。如何实现角色的“跳动”？
4. 在Scratch 3.0中如何知道某个角色处于舞台的什么位置呢？
5. 什么是条件语句？请举例说明。
6. 如何实现倒计时30秒的功能？

扫一扫

答案

4

第 4 章

用 Scratch 解决数学问题

Scratch
3.0
CODING

“逻辑思维”这个词，很多人对它敬而远之。“逻辑思维”在书本上是这样解释的：人们在认识事物的过程中，借助于概念、判断、推理反映现实的一个过程，并且运用抽象的概念、范畴揭示事物的本质，表达出认识现实的结果。

举个例子：当我们请小朋友数一数从家到学校的路线一共有几条时，小朋友可能会说，有一条或者两条，还有可能更多。那么如果让小朋友分别说说每条路线都经过什么建筑，小朋友们会慢慢地说出沿途出现的房屋、花园、广场等，而且也能很好地表达出来由近及远的顺序。

我们还可以再问小朋友：如果遇上高峰期人多的时候，哪条路线比较省时间，能够尽早地到达学校呢？这个问题不仅把小朋友头脑中的思维想象表达出来了，还创造性地培养了孩子们的逻辑思维。而这种提问式的学习是在快乐气氛中进行的。

培养逻辑思维最好是通过数学运算。接下来就让我们在快乐的气氛中开始创作快乐的数学游戏吧。

4.1 鸡兔同笼问题

鸡兔同笼是我国古代的著名趣题之一，记载于《孙子算经》之中。鸡兔同笼问题也是小学信息竞赛和奥数中的常见题型。许多小学算术应用题都可以转化成这类问题，或者借鉴它的假设法来求解，因此很有必要学会这类问题的解题思路。下面就是一道鸡兔同笼的问题。

题目：已知鸡和兔一共有16只，而且这两种动物一共有44条腿。请求出鸡和兔各多少只。

Scratch不仅可以编游戏，还可以用来解题。通过Scratch可以使我们免去单纯的计算部分。只要有一定的逻辑思维能力，知道解题的思路和步骤，就可以把繁琐的计算交给计算机。能够让年龄更小的孩子解决鸡兔同笼这类问题，也是Scratch在数学方面的重要价值体现。

鸡兔同笼的问题在Scratch里要用到很多知识点，基本能够达到Scratch等级考试三级的水平。其实对于鸡兔同笼问题，在不同的年龄段都有不同的解题方法，我们在此介绍其中的两种求解方法，分别是假设法和随机法。

4.1.1 假设法

有时候用常规方法去解答总会感觉困难重重，既不容易理解，又需要繁琐冗长的推理和运算过程。假设法的引入将一些抽象的问题具体化和形象化，使得解答起来简捷、省力，有一种“四两拨千斤”的效果。

利用假设法解鸡兔同笼问题可以这样去理解：首先假设全是4条腿的兔子，而没有2条腿的鸡。在这种假设下得出所有兔子的总的腿数肯定要比实际情况下的腿数多（因为每只鸡的腿数比兔子的要少2条）。那么每多出来2条腿就相当于多了一只鸡而少了一只兔子（鸡和兔子的总数是不变的）。这样一共多出来的腿数再除以2就得到了鸡的数量。最后再用鸡和兔子的总数减去鸡的数量就得到了兔子的数量。

利用Scratch通过假设法解鸡兔同笼问题的详细步骤如下所示。

① 首先建立一个新项目（“文件”→“新建项目”），相信大家已经很熟悉了。将默认的小猫角色删除。

② 接下来是舞台区的设计。这次选用的舞台背景是“户外”的“Playing Field”，如图4-1所示。

图4-1　选择舞台背景

③ 角色区里当然要有鸡和兔。如图4-2所示，可以从“选择一个角色”中挑选出鸡（Hen）和兔子（Rabbit）。

图4-2　选择角色

④ 接下来设置角色的比例大小以配合背景。在游戏中分别设置鸡和兔的大小为70，如图4-3所示。

图4-3　角色属性

⑤ 完成了上面的角色和舞台设计后，接下来开始编程。如图4-4所示，我们在变量积木块里建立新的变量。

在这个游戏中需要建立四个新变量。这四个变量分别是鸡的数量（图4-5）、兔的数量（图4-6）、鸡的腿数（简称为鸡腿，图4-7）和兔的腿数（简称为兔腿，图4-8）。

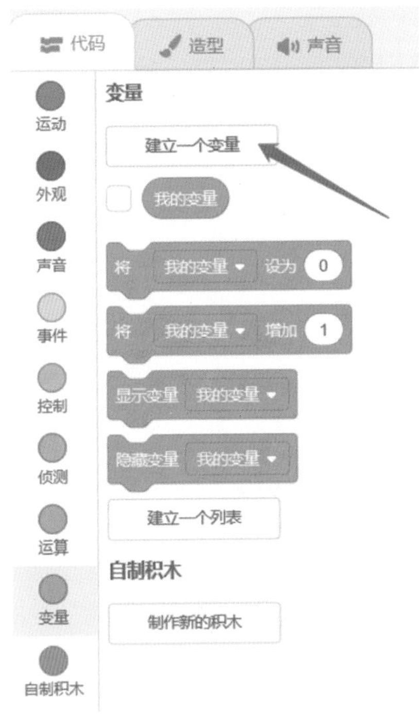

图4-4 新建变量

注意

每个角色都会有自己相应的脚本指令。该游戏是鸡和兔这两个角色在一个脚本区域完成，所以在新建变量的时候要选择“适用于所有角色”。

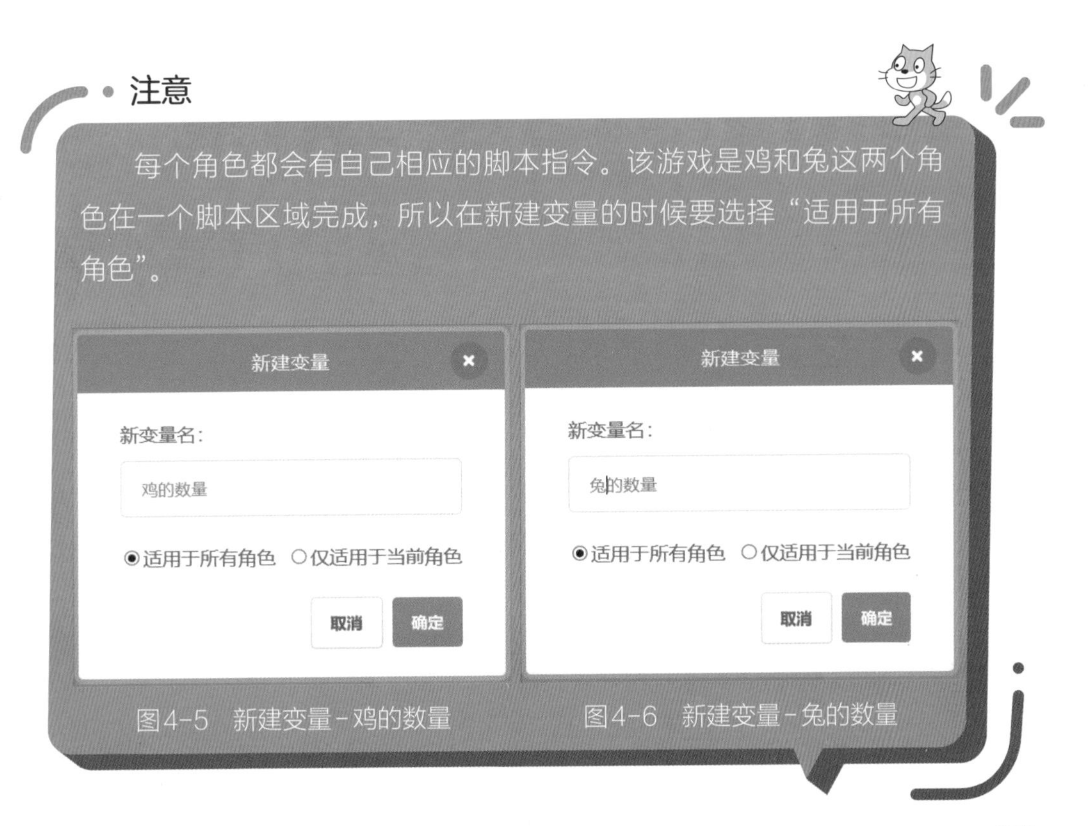

图4-5 新建变量-鸡的数量

图4-6 新建变量-兔的数量

图4-7　新建变量-鸡腿

图4-8　新建变量-兔腿

⑥ 我们建立的这四个变量在舞台上都可以看到数值结果，但是因为我们只希望求鸡和兔的数量，所以在舞台区里只需要显示这两个变量的结果即可。因此如图4-9所示，在代码区里勾选出要显示的变量就可以了，这样在舞台区中就显示这些变量值，如图4-10所示。

图4-9　确定是否显示变量值

图4-10 舞台区的效果

⑦ 利用假设法来解鸡兔同笼的问题时，只把需要的变量罗列出来就可以。所以如图4-11所示，在代码区的变量积木块中取出下面四条指令。

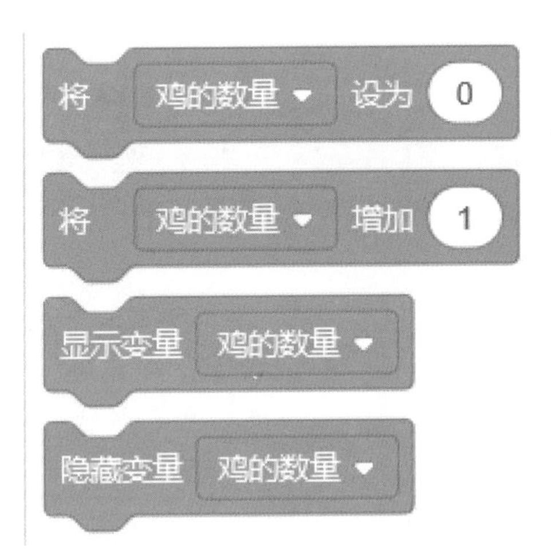

图4-11 变量积木块的部分指令

⑧ 当程序开始时我们要将每只鸡的鸡腿数设为2，将每只兔的兔腿数设为4。如图4-12所示，依次选择变量名称“鸡腿”和“兔腿”，在后面的椭圆形里分别填写数字2、4，这样就给出了解决鸡兔同笼问题的初始条件。结果如图4-13所示。

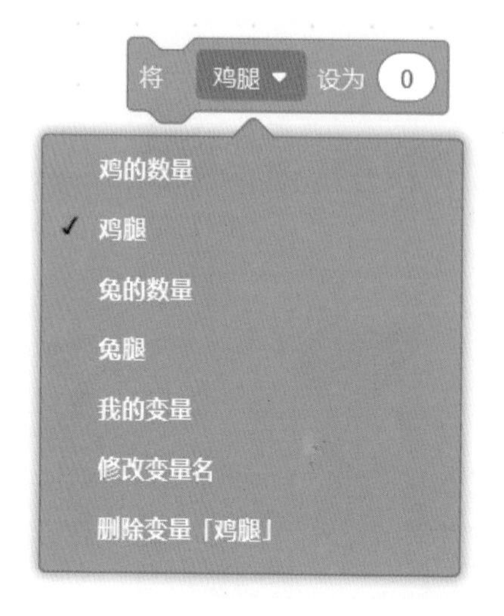

图4-12　将某变量设为……指令

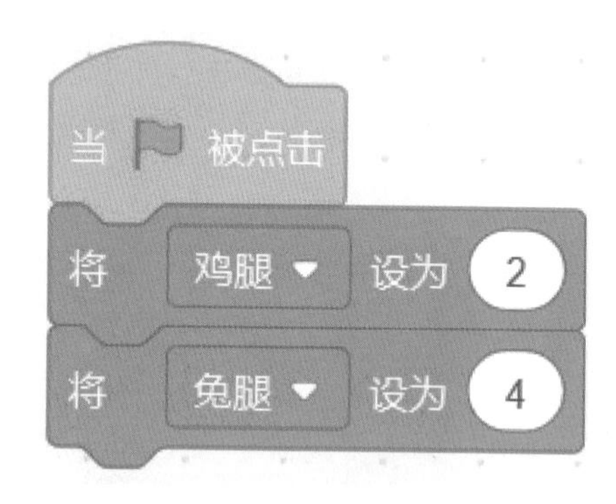

图4-13　假设法脚本程序的初始条件

⑨ 接下来我们说明一下这道题的解题思路。假设全是兔子，即0只鸡和16只兔，那么16只兔子的腿数一共是多少呢？一只兔子有4条腿，所以16只兔子的总腿数应该是每只兔子的腿数4乘以兔子的总数16，即共有16×4=64条腿。图4-14给出了求16只兔子的总兔腿数的程序。

图4-14　计算兔腿的程序

说明：图4-14的程序写成数学公式就是“兔腿=兔腿*16”。如果没有学过计算机编程就会觉得这个公式很奇怪。为什么“兔腿”在同一个公式中会有变化呢？其实这是在计算机编程中常用的格式。我们可以这样去理解这个公式：在没有执行这条程序时，变量“兔腿”的值是最开始设定的初始值4。因此“兔腿*16”就相当于计算4×16，其结果为64。最后再将计算结果64赋值给“兔腿”这个变量，因此最终“兔腿”值等于64。我们需要记住这个结果，设兔子数等于16时的兔腿数是64。由此可见，“兔腿=兔腿*16”可以理解成“计算之后新的兔腿数等于老的兔腿数乘以16”。

我们可以再给出一个例题来进一步理解它：设变量x的初始值等于2，求$x=x+3$的结果。如果这是一道纯粹的数学题，可以知道它是无解的。但是如果它是一条计算机程序，那么计算过程就是：

a.将x的初始值2代入到$x+3$，得到结果是数值5。

b.将数值5重新赋值给变量x。因此执行完这条程序后x的值就是5了。

⑩ 题目中说一共只有44条腿，但是如果设全部都是兔子时的总腿数是64，比已知条件多出了64–44=20条腿。为什么会多出来20条腿呢？这是因为我们原先假设的有16只兔子和0只鸡是错误的。

所以兔子的数量要减少，同时鸡的数量要增加才能满足题意。因为鸡和兔的总数不变，所以每减少一只兔子就要对应多出一只鸡。

而每减少一只兔子并对应多出一只鸡，在腿的总数上必须减少2条腿。这是因为一只兔子4条腿，一只鸡2条腿。每少了一只兔子同时多了一只鸡，总的腿数就会减少2。

如何消除多出来的20条腿呢？从刚刚分析得出每增加一只鸡，总的腿数就会减少2。为了消除多出来的20条腿，则鸡的数量就是多出来的腿数20除以2。最终鸡的数量写成数学计算式就是（64–44）÷2。

明白了这个道理后就可以编程序了。在前一个步骤的说明中我们得到当前的“兔腿”变量的数值已经变成了64。因此计算鸡的数量的程序就是（兔腿–44）/2。需要说明的是，四则运算中的除法运算“÷”在编程时要写成运算符“/”。

如图4-15所示，将变量“兔腿”拖拽到运算的积木块指令的椭圆形状里，鸡的数量就可以通过混合运算计算出来了。

⑪ 知道了鸡的数量后，根据题目中鸡和兔的数量总和就能够立即得到兔的数量，如图4-16所示。

图4-15　计算鸡的数量程序

图4-16　计算兔的数量程序

⑫ 假设法完整的脚本程序如图4-17所示。

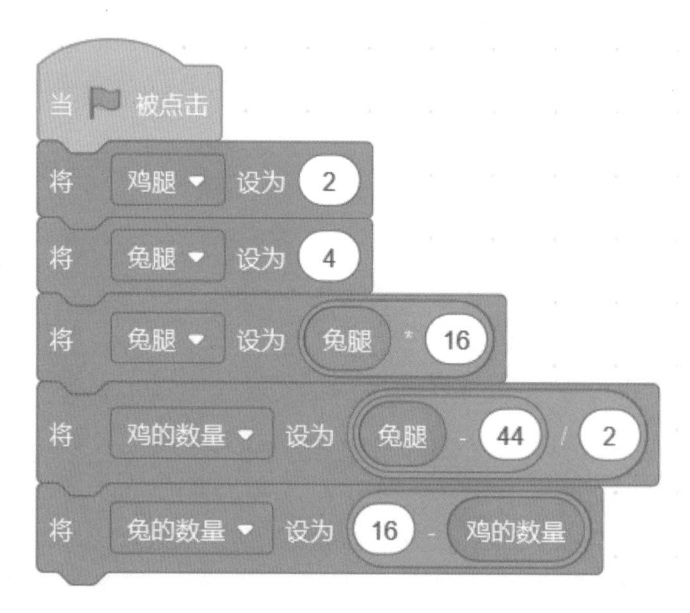

图4-17　假设法的脚本程序

这个程序是在假设全部是兔子（鸡的数量为0）的情况下进行的，那么我们能否仿照图4-17这个脚本程序，在假设全部是鸡（兔的数量为0）的情况下进行呢？请试试看吧，但是要注意无论使用哪种假设，最终求得的鸡和兔的数量结果应该是一样的。

4.1.2 随机法

随机法在实际编程中也是经常用到的，是通过产生的随机数（比如掷硬币、骰子等）进行操作。在打地鼠的游戏中我们也运用了随机法，是让地鼠在6个洞口随机地出现。

下面我们详细介绍随机法在解决鸡兔同笼问题时的步骤。

题目：已知鸡和兔一共有16只，而且这两种动物一共有44条腿。请求出鸡和兔各多少只。

① 完成上节中的前6个步骤，即在前面介绍假设法时给出的新建项目、设置游戏背景、选定角色和设置新的变量等步骤。

② 在1～16中随机地选取一个整数作为鸡的数量，如图4-18所示。

图4-18　随机法中鸡的数量的脚本程序

则兔的数量是用16减去鸡的数量，程序如图4-19所示。

图4-19　随机法中兔的数量的脚本程序

③ 现在判断这种情况下总的腿数是否为44，如图4-20所示。需要注意的是，图4-20是一个条件判断语句（积木块的左右两端都是凸出来的），它并不是一个普通的计算语句或者赋值语句，所以要选对积木块。这个条件判断语句的作用就是判断总的腿数（鸡的数量乘以2加上兔的数量乘以4）是否等于44。

图4-20　判断鸡、兔的腿数是否为44程序

④ 如果确实等于44则说明现在确定的鸡和兔的数量都是正确的。如果不正确，就要重新选取一个随机数作为鸡的数量去继续计算。就这样不断地重复判断是否满足鸡、兔的腿数一共是44，所以需要如图4-21所示的重复执行命令。

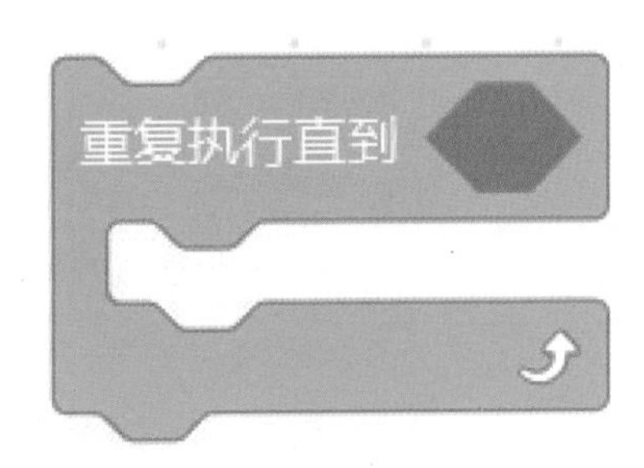

图4-21　重复执行指令

最终得到的随机法解决鸡兔同笼问题的程序部分如图4-22所示。

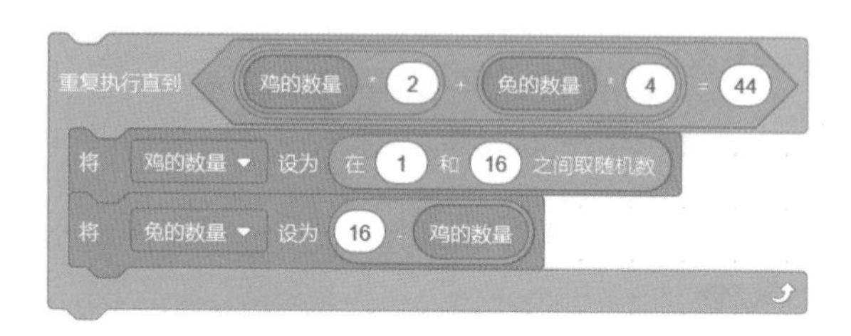

图4-22　随机法计算的部分脚本程序

⑤ 我们应该养成一个好习惯，就是别忘了为每一个新建的变量都设置一个初始值。在鸡兔同笼问题中，可以先将鸡和兔各自数量的初始值设置为0（后面根据情况在程序中再重新赋值或者计算）。也要准备好计算鸡腿和兔腿的程序，分别如图4-23和图4-24所示。

图4-23　计算鸡腿的数量

图4-24　计算兔腿的数量

最终，利用随机法解决鸡兔同笼问题的完整程序如图4-25所示。

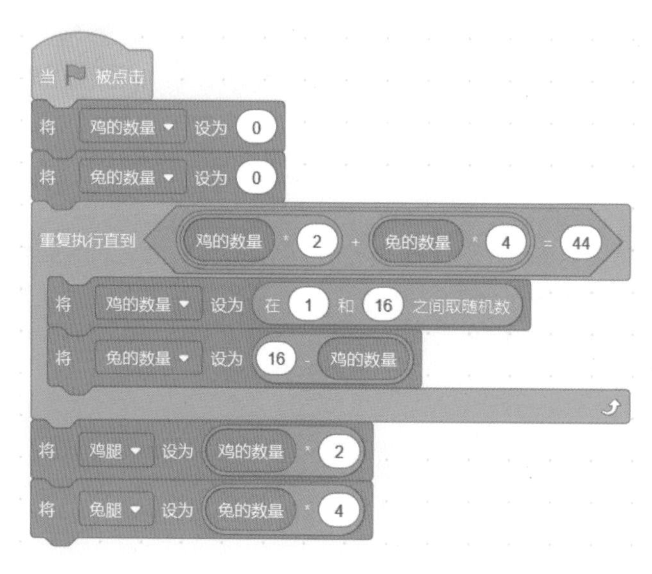

图4-25　利用随机法解决鸡兔同笼问题的脚本程序

4.2 阶乘的计算

其实很多时候，我们编写程序就是为了让计算机帮助我们解决繁琐的计算问题。我们希望通过一段程序让计算机自动计算并将结果输出到屏幕上。

这一节我们讨论阶乘的计算。阶乘是基斯顿·卡曼（Christian Kramp，1760—1826）于1808年发明的运算符号。一个正整数的阶乘（factorial）是从1到这个正整数的连乘积（0的阶乘被特别定义为1）。自然数n的阶乘记为$n!$，而$n!=1\times2\times3\times\cdots\times n$。

题目：输入正整数n，计算n的阶乘。

分析：使用循环求解的方法。首先设阶乘值$n!=1$，然后让新的阶乘值等于旧的阶乘值×2，之后再×3……，累计相乘，直到最后乘以n为止。这一过程的输出结果如表4-1所示。

表4-1　阶乘运算表格

n	$n!$ 定义式	$n!$ 递推式	$n!$ 结果
1	1	1	1
2	2×1	2×1!	2
3	3×2×1	3×2!	6
4	4×3×2×1	4×3!	24
5	5×4×3×2×1	5×4!	120
6	…	…	…

这次我们设计一只能计算阶乘的小猫，看看它的计算能力，步骤如下。

① 首先建立一个新项目（“文件”→“新建项目”），用熟悉的操作开始全新的内容。然后完成背景和角色的设计。如图4-26和图4-27所示，我们选用Space City 1的背景和系统默认的小猫角色。

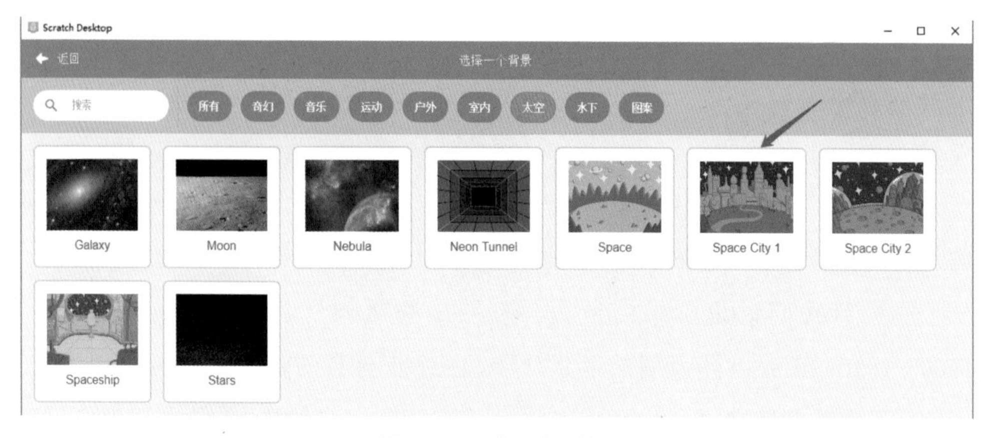

图4-26　背景的选择

② 根据题目要求，输入一个正整数变量n并计算它的阶乘。所以此计算过程中涉及两个变量，分别用于保存输入的n的数值和最后的阶乘结果。与前面的几个游戏相似，在代码区找到“变量”的积木块并建立两个新的变量（分别命名为“n”和“结果”，并选择“适用于所有角色”），这些步骤分别如图4-28、图4-29和图4-30所示。

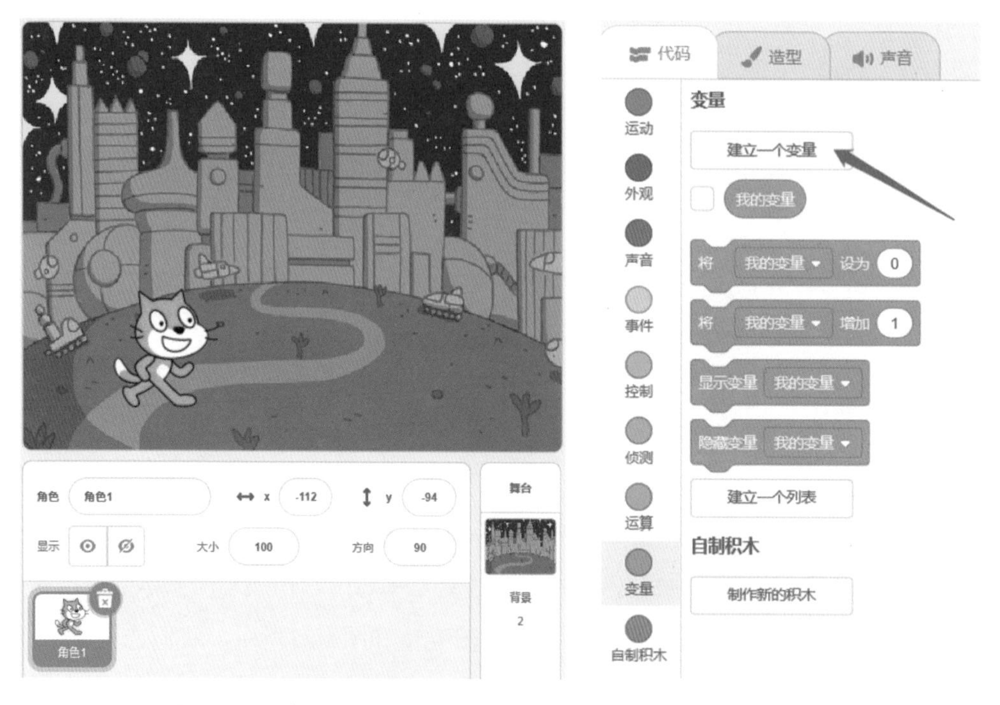

图4-27　舞台区效果　　　　图4-28　建立变量

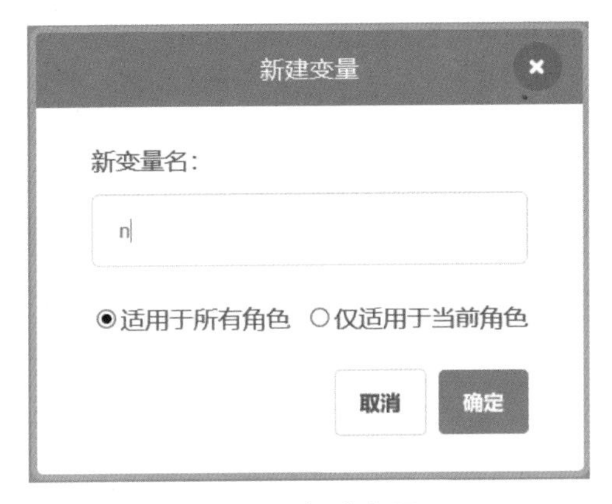

图4-29　新建变量-n

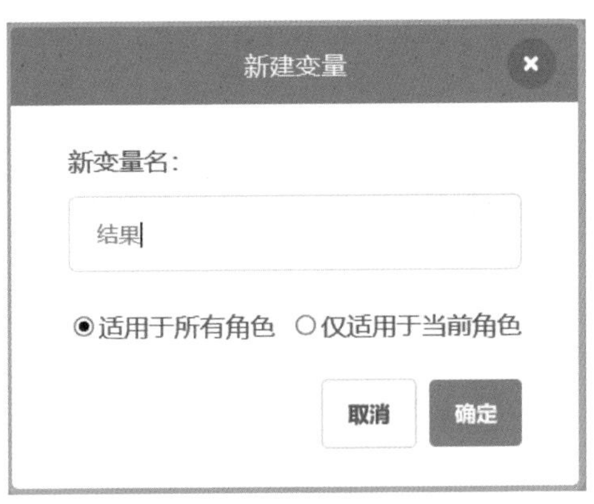

图4-30　新建变量-结果

为了将这两个变量显示在屏幕上，需要完成如图4-31所示的设置。

图4-31　两个变量的显示

③ 当绿旗图标被点击时计算开始，从n=1开始计算，此时1!=1。因此需要将变量积木块中“n”和“结果”这两个变量的初始值设为1。图4-32是设置变量“n”时的情形，最终结果如图4-33所示。

图4-32　设置变量的指令

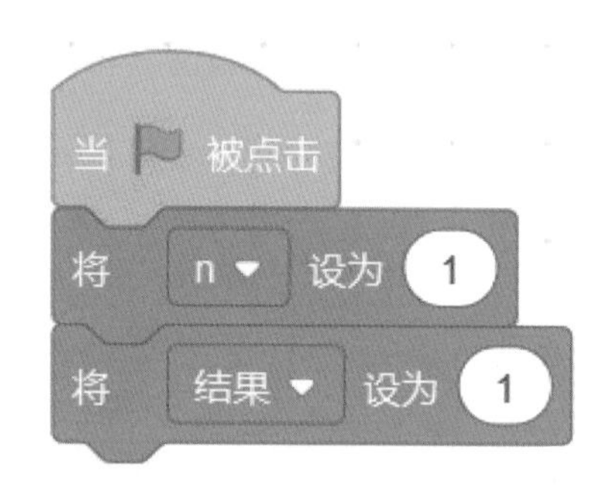

图4-33　阶乘计算的初始条件

④ 在游戏开始的时候，小猫会首先提醒让咱们给出一个整数，然后它去计算这个整数的阶乘。所以我们要在“侦测”积木块里找到“询问……并等待”的指令（如图4-34所示）。在此指令的下方会紧接着有“回答”指令，也将该指令选择出来。这时要注意，如果在“回答”指令前面的白色方框里挑勾，则此指令和变量名称一样会显示在舞台区。

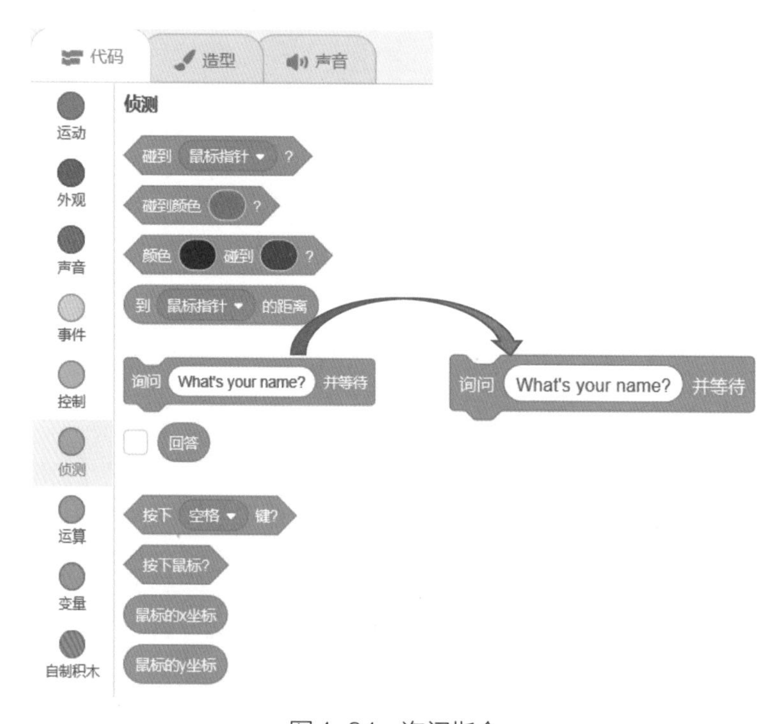

图4-34　询问指令

⑤ 我们知道阶乘的计算公式是$n!=1\times2\times3\cdots\times n$。当$n=1$时，结果为$1\times1$，执行一次乘法即可。当$n=2$时结果为$n=1$时的阶乘结果再乘以2，相当于执行了两次乘法。因此无论我们输入的n为多少，$n!$总是（$n-1$）时的阶乘结果再乘以数值n，逐级递增。其重复执行的内容如图4-35所示。

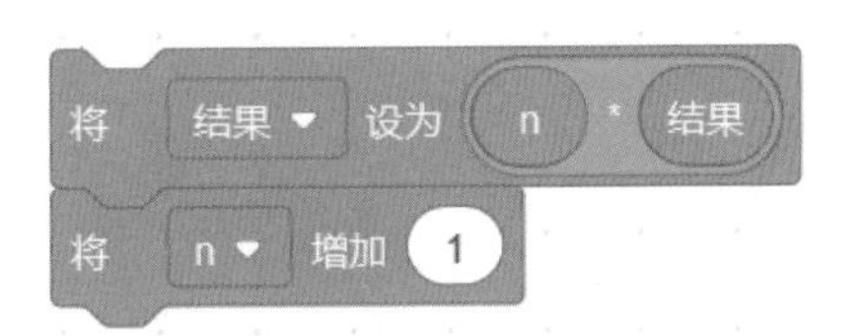

图4-35　阶乘运算的核心程序

⑥ 还记得刚才提到的“回答”指令吧？把“回答”指令放到控制积木块的“重复执行……次”那里即可，而重复执行的次数就是我们输入的变量“n”。阶乘运算的完整程序如图4-36所示，游戏界面如图4-37所示。

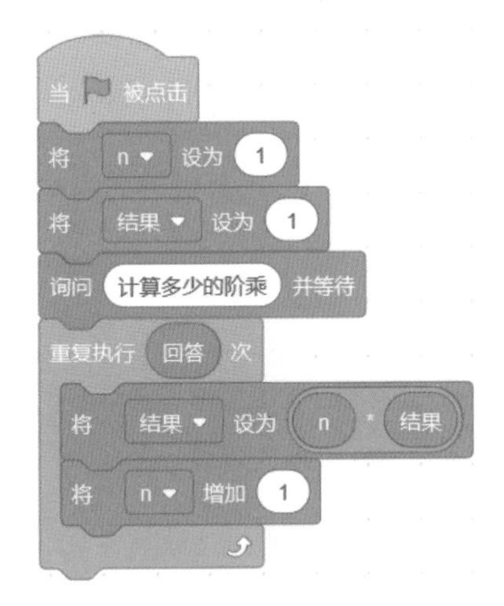

图4-36　阶乘运算的脚本程序

图4-37　阶乘运算的舞台效果图

趣味问答

1. 在求解鸡兔同笼问题时，如何使用假设法?
2. 设变量x的初始值等于2，求$x=x+3$的结果。
3. 除了假设法之外，还可以用什么方法求解鸡兔同笼问题?
4. 3的阶乘（即3!）等于几?

扫一扫

答案

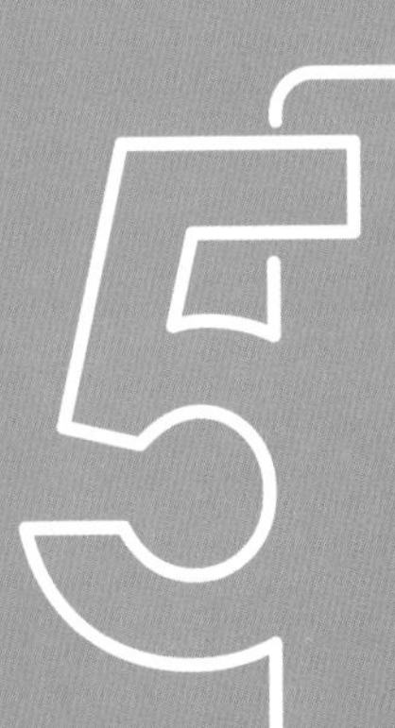

第 5 章

用 Scratch 绘制几何图形

Scratch
3.0
CODING

在日常生活中我们会看到很多类似几何图形的物体。例如，马路上的人行横道线是长方形，车辆的轮胎是圆形，书本是长方形，手机也是长方形，很多桥梁支架是用三角形结构进行稳固，等等。

数学中常见三角形、正方形、长方形、圆形等基本图形，在现实生活中将它们缩放、旋转、组合起来又能形成一门艺术。艺术来源于生活，生活又离不开我们所见到的基础图形。

5.1 正弦定理和余弦定理

提到三角形，就不得不说正弦定理和余弦定理。这两个定理在后面将要用到，因此有必要现在拿出来单独介绍一下。可能这一节的内容对于一些小朋友而言会比较难，没有关系，现在先读一读即可，后面用到的时候再返回来复习一下。

图5-1是一个三角形，它的三个内角由大写的字母A、B和C表示，这三个内角对应的三个边长分别用小写的字母a、b和c表示。也就是与角A、角B、角C相对的边的长度分别为a、b、c。

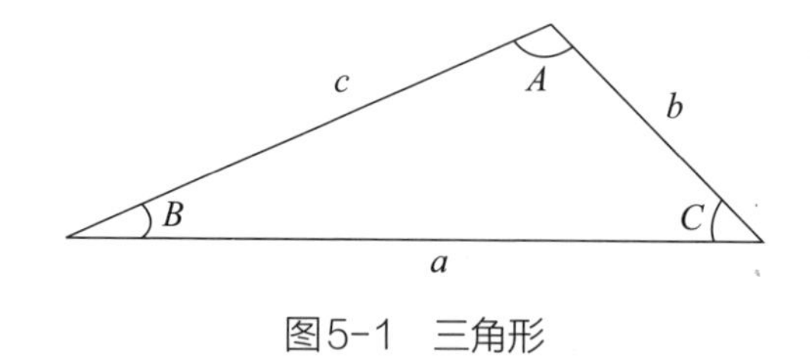

图5-1　三角形

正弦定理是三角学中的一个基本定理，公式如下所示。

$$a : b : c = \sin A : \sin B : \sin C$$

即：

$$\frac{a}{\sin A} = \frac{b}{\sin B} = \frac{c}{\sin C}$$

正弦定理公式说明三个边的长度之比等于对应角度的正弦之比。

余弦定理是描述三角形中三边长度与一个角的余弦值关系的数学定理，是勾股定理在一般三角形情形下的推广。当已知三角形的两边及其夹角求第三边，或者已知三个边长求三个角度的时候可以直接使用余弦定理公式：

$$c^2=a^2+b^2-2ab\cos C$$

若角C等于90°（记为$\angle C=90°$），则此三角形变成了直角三角形。又因为$\cos 90°=0$，所以上述的余弦公式就变成了勾股定理，即$c^2=a^2+b^2$。

换句话说，勾股定理是余弦定理的特例。即对于直角三角形而言，余弦定理就变成了勾股定理。图5-2是勾股定理的一个示意图。

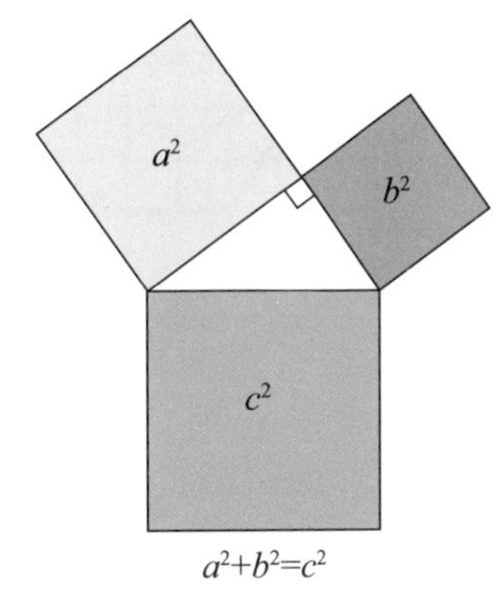

图5-2　勾股定理

5.2 绘制三角形

现在我们利用Scratch先从绘制最简单的三角形开始吧。

① 首先，我们来了解一下用Scratch绘图的原则。如果使用图5-3左侧的指令“面向90方向”（当然数值90是可以改的，其单位为度），这个指令是角色在不转动的情况下横着向90°的方向前进，这与前面游戏中螃蟹的行动一样。

而在绘制三角形时，我们一般是希望角色先转身朝向前进的方向，然后再向前走并绘制出图案来。所以需要先让角色转向，此时应该使用图5-3右侧的“右转……度”指令或“左转……度”指令，这才是让角色转身的命令。

图5-3　运动积木块中不同的指令

② 接下来就可以让小猫开始绘制

三角形了。我们知道三角形可以分为钝角三角形（有且只有一个角大于90°）、直角三角形（有且只有一个角等于90°）和锐角三角形（三个角都小于90°），如图5-4所示。

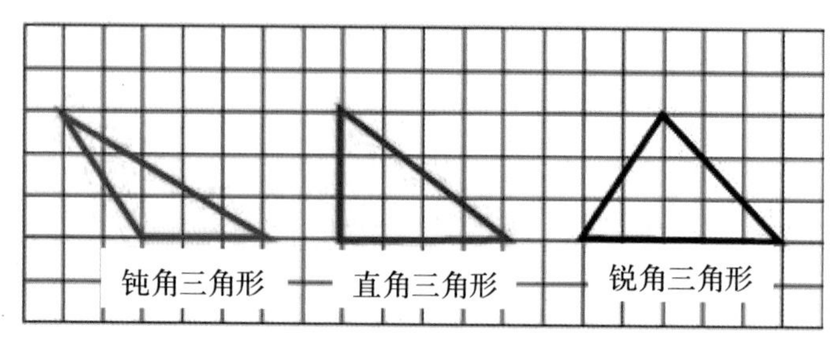

图5-4 三角形的分类

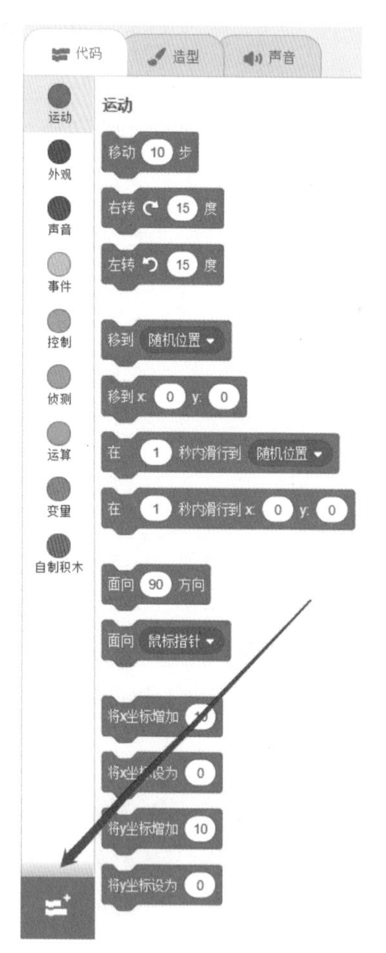

图5-5 添加扩展

以直角三角形为例，我们让小猫来作图。应该如何设计呢？不妨让小猫走的步数作为三角形的边长，小猫走过的地方就会显示出线段来。

现在我们让小猫绘制这样一个三角形，它的三个角分别是30°、60°和90°，如果学习过三角几何就会知道这三个角对应的三边的边长之比为1 ：$\sqrt{3}$ ：2，而$1^2+\sqrt{3}^2=2^2$，所以满足前面提到的勾股定理。$\sqrt{3}$也是一个数字，可能小朋友们还没有学到它。它的数值大小是在整数1和2之间，并且$\sqrt{3}$的平方等于3）。

③ 我们想让小猫随着画笔一起动，但是在现有积木块中没有画笔的功能，所以我们要从添加扩展模块里面去找，如图5-5所示，点击箭头所指的图标。

在扩展模块里找到画笔，如图5-6所示。

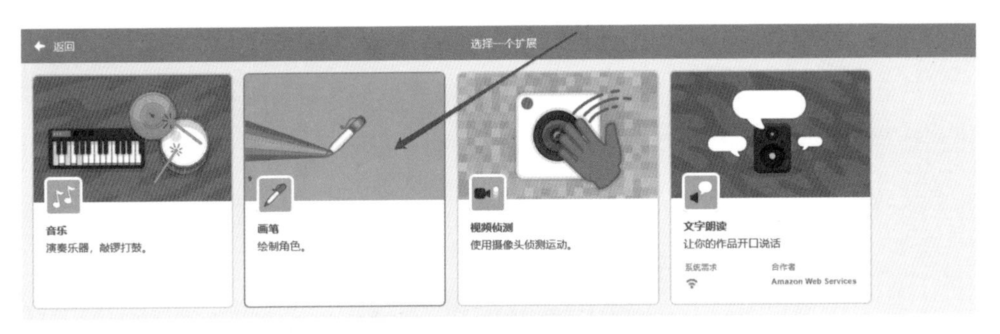

图5-6 添加扩展-画笔

画笔积木块的指令如图5-7所示。

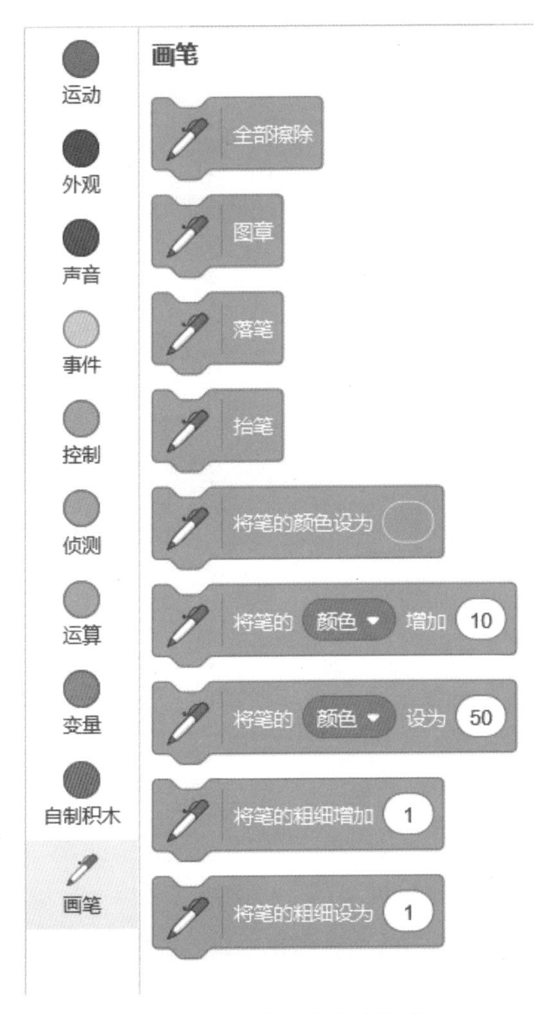

图5-7 画笔积木块的指令

在画笔积木块的指令中我们特别要介绍下面这三个指令。

a.全部擦除（如图5-8所示）：此指令是擦除画笔在舞台中画出来的所有的线条，就像橡皮擦一样。但是擦除的只是画笔画出来的线条，并不能擦除舞台中的角色或背景。

图5-8 “全部擦除”指令

b.落笔（如图5-9所示）：落笔相当于我们用手拿起笔并将笔尖与纸张相接触。因此只有落笔后才能画出线条。

c.抬笔（如图5-10所示）：抬笔相当于将笔尖从纸张上挪开。因此抬笔后即使角色在舞台中移动，也不能再画出线条。

图5-9 “落笔”指令

图5-10 “抬笔”指令

5.2.1 绘制直角三角形

① 现在讲解如何画一个直角三角形。

当绿旗图标被点击时，小猫首先使用“全部擦除”指令，清除屏幕背景中留下的所有痕迹（因此每次都是重新绘制图形）。

然后使用“落笔”指令将画笔落下，小猫就可以开始画图了。落笔后小猫的移动会在舞台区留下痕迹，就像我们在雪地上行走时留下脚印一样（如图5-11所示）。

② 设置三角形的三边长度。因为三个角分别是30°、60°和90°的时候，这三个角对应的三边的边长之比为1 ：$\sqrt{3}$ ：2，所以如图5-12所示，我们规定x=100（即让小猫前行100步），从图中的粗箭头的地方（角A）开始画图。小猫从开始的地方向右移动100步，到了三角形直角的位置（角B）后需要向左转身90°并继续前行（即图中的向上移动$\sqrt{3}x$，也就是$\sqrt{3}\times100$步）后达到角C的位置。

图5-11 画图初始条件

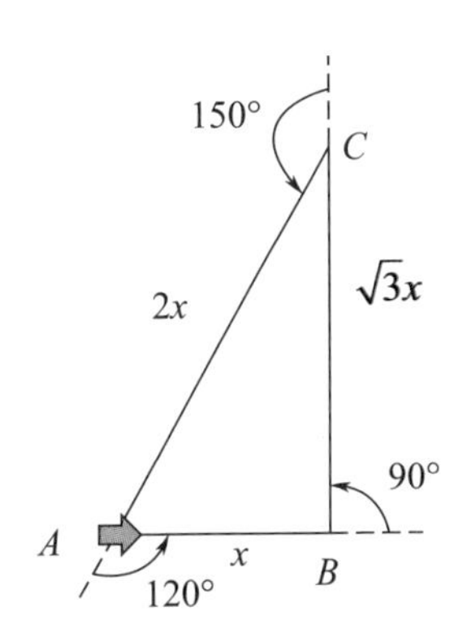

图5-12 直角三角形的边长

③ 我们如何实现目前为止的程序呢？先在运动积木块中找出图5-13所示的指令块并放到程序区中。

图5-13 “移动……步”指令

④ 在图5-13积木块中间的白色圆圈里添加具体的步数，这个步数因为是需要计算的（$\sqrt{3}\times100$），所以需要如图5-14所示的积木。

图5-14 运算积木块的乘法运算

⑤ 数值$\sqrt{3}$无法直接输入，需要在积木块里找到平方根指令。如图5-15所示，平方根指令可以在绝对值的下拉菜单里找到。

图5-15　运算积木块的平方根指令

⑥ 目前为止小猫的程序如图5-16所示。

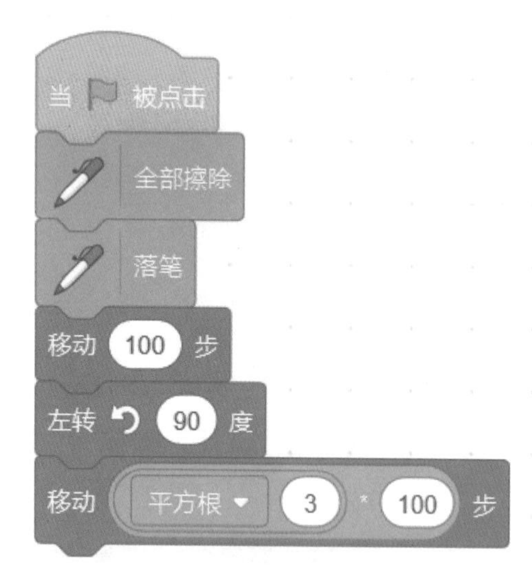

图5-16　绘制直角三角形的两条直角边的程序

⑦ 到此为止已经画完了三角形的两条直角边。接下来该怎么画最后一条边呢？我们知道三角形的内角和为180°（也就是说三角形的三个角加起来是180°），

这个三角形的三个内角分别为30°、60°和90°。我们是从角A（内角为60°）开始画，经过90°角（角B）后现在到达了内角为30°（角C）的这个地方。

现在小猫处于角C并且头是朝向正上方，下一步它需要旋转一个角度才能面对着第三个边朝向角A接着画。需要旋转多少度呢？从图5-12可以看到，小猫旋转的角度应该是150°是这样计算出来的：旋转角度=直线180°–内角30°=150°。即小猫逆时针转动150°后正好朝向角A。

如图5-12所示，现在让小猫逆时针旋转（左转）150°，再移动$2x=2\times100=200$步正好回到小猫开始的地方。

回来后小猫还是朝向左下方的，所以将小猫再逆时针旋转（左转）180°–60°=120°使小猫的脸朝右，然后将笔抬起。至此完成了一个三角形的绘制，程序如图5-17所示。

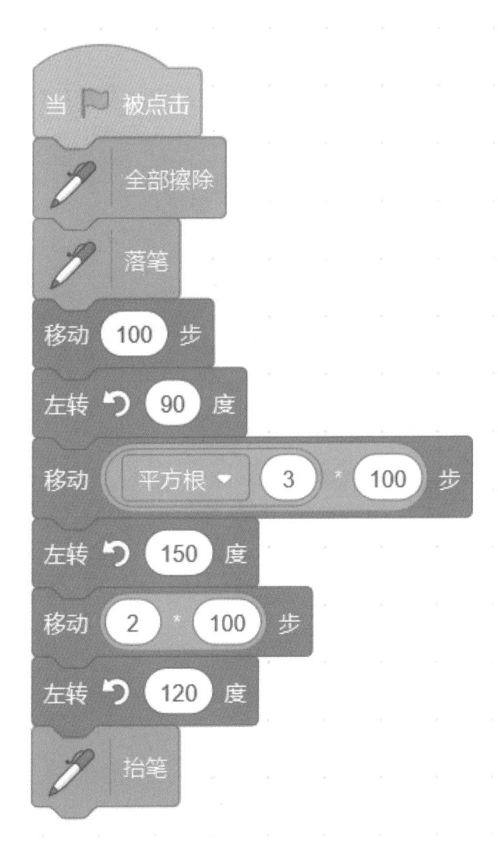

图5-17　绘制直角三角形的脚本程序

⑧ 图5-18是小猫绘制完直角三角形后在舞台区中的效果。

如果对于小猫这个角色的旋转和朝向问题还是不很清楚，可以将图5-17中的三个“左转……度”指令去掉或者修改角度值来观察效果。这样做是理解程序的最佳途径，即修改程序中的指令或者参数来学习它的作用。

图5-18　小猫绘制直角三角形的结果

5.2.2 绘制正三角形

① 现在我们一起画一个正三角形（如图5-19所示）。它和其他三角形相比有下面的两个特点：

a. 正三角形的三条边相等。

b. 正三角形的每个内角也相等，都是180°÷3=60°。

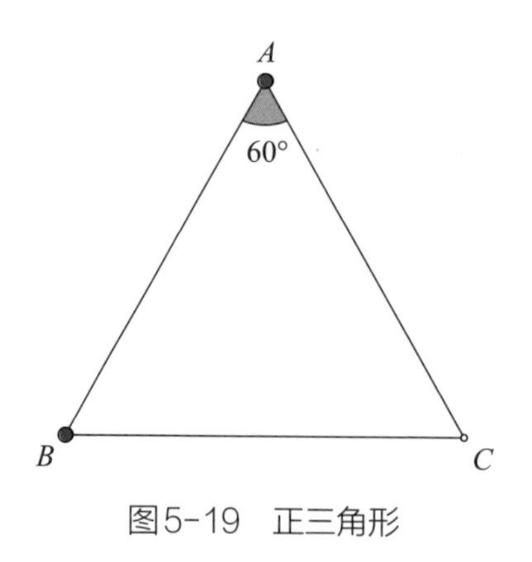

图5-19　正三角形

与绘制直角三角形相似，小猫还是连续画线段。与绘制直角三角形不同的是绘制正三角形时小猫每次都是旋转180°–60°=120°，而且绘制每条边时小猫行走的步数都相等。这样连续3次就完成了。

② 我们可以直接在原有的绘制直角三角形的程序基础上进行改动。绘制正三角形的程序如图5-20所示。

③ 在舞台区看到的小猫绘制的正三角形如图5-21所示。

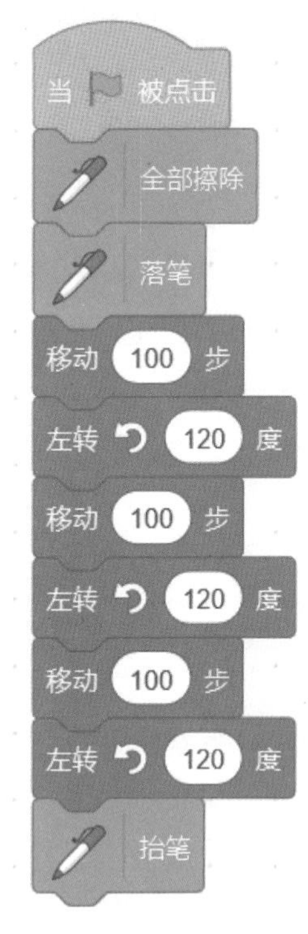

图5-20　绘制正三角形的脚本程序

图5-21　小猫绘制正三角形的结果

5.3 绘制四边形和多边形

这一节我们学习比三角形稍微复杂一点的四边形和多边形的绘制。

5.3.1 绘制四边形

最常见的四边形是长方形和正方形。长方形的特点是两条相对的边平行且相等，而且四个角都是90°。习惯上我们将长方形中的长边称为长，短边称为宽（如图5-22所示）。正方形是长方形的特例，正方形的长和宽相等。

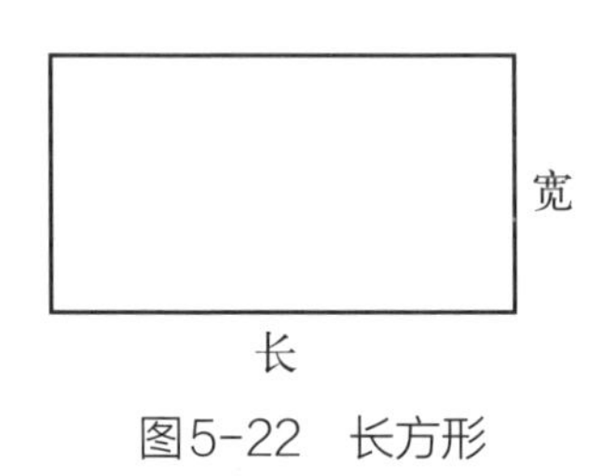

图5-22　长方形

我们直接编辑上节绘制三角形的程序就能够绘制出四边形。当然和三角形不同的是，长方形的每个角都是直角，所以每次小猫旋转的角度都是180°-90°=90°，即每次都是逆时针旋转（左转）90°。如果我们规定长为120，宽为80，程序如图5-23所示。

在舞台区域中小猫绘图后的效果如图5-24所示。

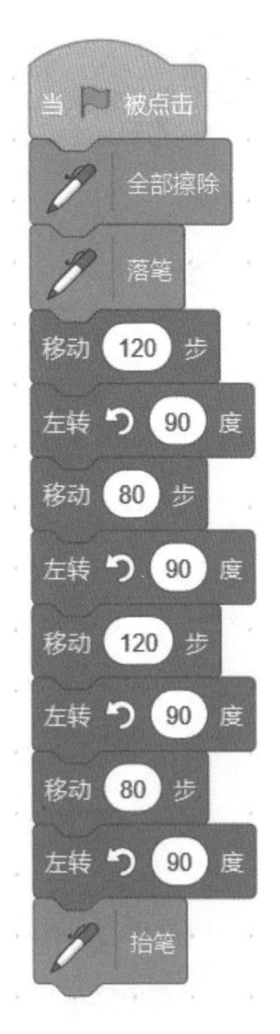

图5-23　绘制长方形的脚本程序

图5-24　小猫绘制长方形的结果

是否发现绘制长方形的程序里面重复了两次一样的语句。现在我们不妨试试使用重复执行这个积木块来简化程序。

在控制积木块中找到能实现重复执行的指令有三个，分别介绍如下。

a.重复执行的次数有规定（如图5-25所示）：当重复执行的次数达到指定数值后，程序就会跳出重复执行这个模块而执行后面的内容。

b.重复执行（如图5-26所示）：一直执行这个模块里面的内容。重复指令就像一个没有出口的环形公路一样，只要进去了就无法再执行它外面的其他指令。因此有必要的话，需要在该模块内部设置一些条件使得程序能够跳出来。

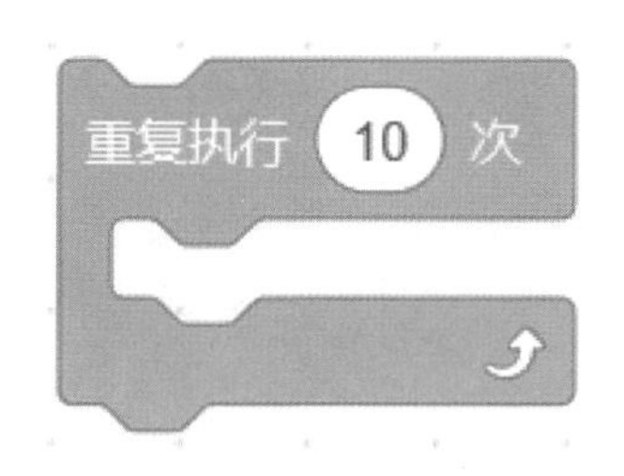

图5-25 “重复执行……次”指令

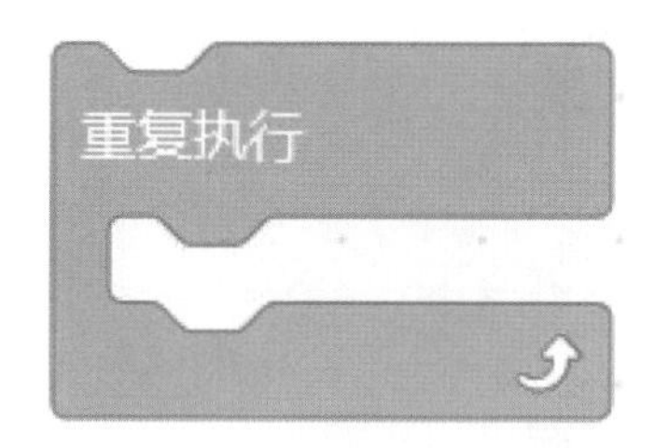

图5-26 “重复执行”指令

c.重复执行直到达成条件（如图5-27所示）：它里面有一个六边形输入框，可以拖进来一个指令。如果达到了输入框内指令的条件，则会跳出循环并执行接下来的其他指令模块。它就像是一个有出口的环形公路，在绕行公路的时候只要条件达到了就可以出去，进而继续执行其他的指令。

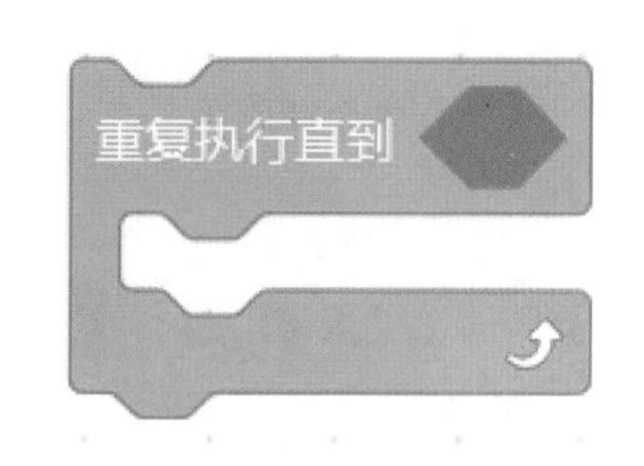

图5-27 “重复执行直到……”指令

上面这三种指令看似差不多，用途却不相同，我们可以在学习的时候多进行编程调试，有时候也可以尝试相互替换（当然也需要修改程序中的一些其他积木）。多练习才是提高的途径，不要怕出现错误，有了问题想办法去解决才能提高自己的能力。

结合我们绘制的长方形的特点，即长方形的对边平行且相等，所以编写一次长和宽的程序即可，一共执行两次。

图5-28是修改后的绘制长方形的脚本程序。其实脚本编程并不是只有一个正确答案，我们也可以尝试用其他两种重复执行指令来完成。但是对于绘制四边形，“重复执行……次”指令应该是最简单的。

带着我们刚刚解决的长方形脚本的思路，现在考虑一下正方形（如图5-29所示）。正方形和长方形一样，它的四个角都是直角，也就是每次旋转的角度都是90°，而它最特别的地方是四条边都相等，因此其绘制程序感觉应该比长方形还要简单。

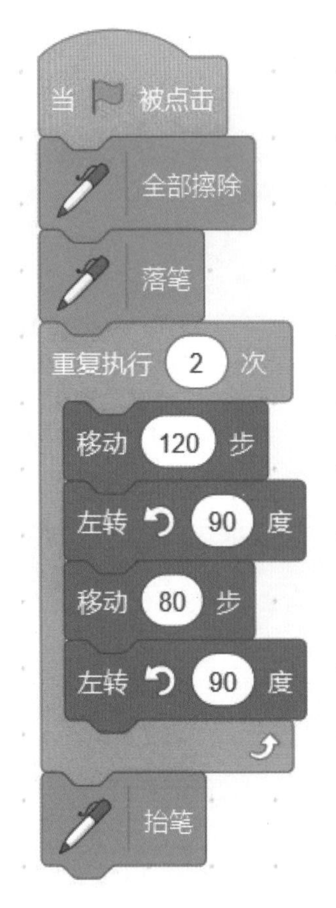

图5-28　修改后的绘制长方形的脚本程序

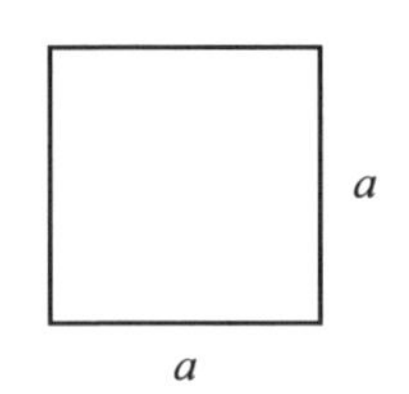

图5-29　正方形

事实也确实如此，在长方形的脚本程序基础上旋转四次就能够完成正方形的绘制。如图5-30所示，我们还是让重复执行积木块去完成这个任务吧。

在舞台区域中小猫绘图后的效果如图5-31所示。

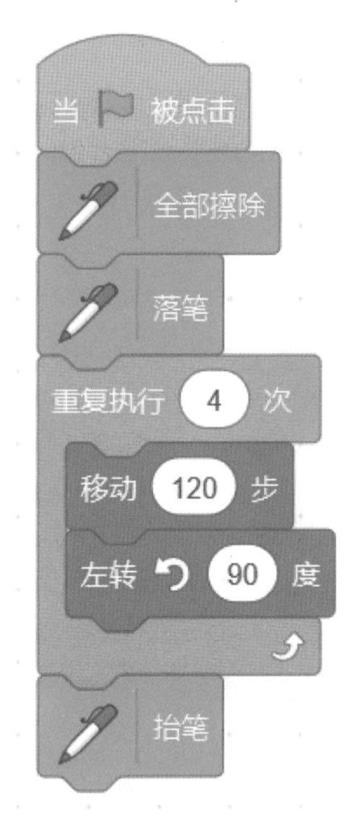

图5-30　绘制正方形的脚本程序

图5-31　小猫绘制正方形的结果

5.3.2 绘制多边形

多边形的绘制似乎比我们刚才学习的三角形和四边形复杂许多，但思考方法是一样的。无论是绘制五边形还是六边形，都是让小猫移动一段距离，然后旋转一定的角度，之后再移动，再旋转。这样重复五次就是五边形，重复六次就是六边形。

是不是很简单？但问题来了：需要旋转多少角度呢？先来看一个正五边形（如图5-32所示）。

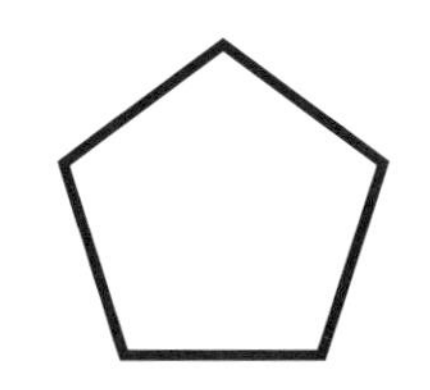
图5-32　正五边形

我们将任意的五边形分为三个三角形（如图5-33所示）。每个三角形的内角和都是180°，所以三个三角形的内角总和为3×180°=540°，也就是五边形的内角和是540°。由于正五边形的对称性，所以正五边形的每个内角都是540°÷5=108°。由此得到每个内角对应的外角（即小猫需要转动的角度）都是180°–108°=72°。我们发现，正五边形的外角和为72°×5=360°。

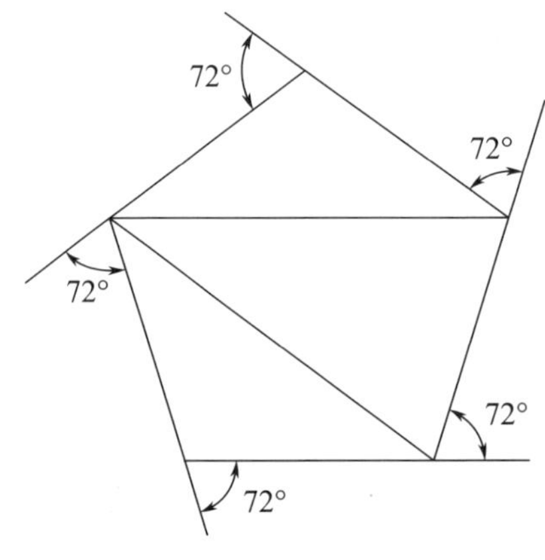

图5-33　正五边形的外角

我们列举了其他一些图形，发现它们的外角和都是360°（如图5-34所示）。

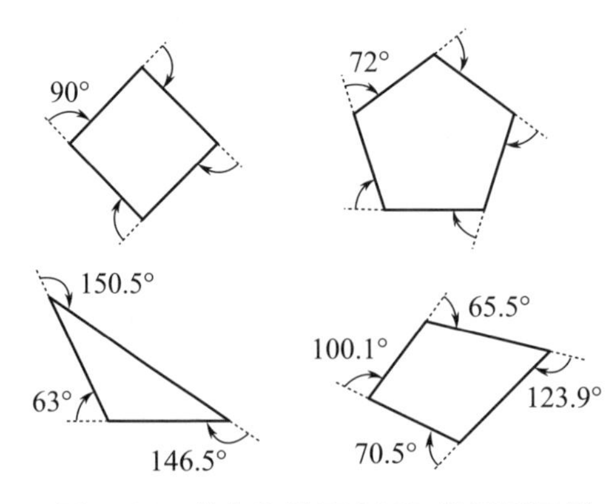

图5-34　外角和等于360°的图形示例

接下来开始脚本的编辑（如图5-35所示），还是让小猫去完成绘画，步骤包括全部擦除、落笔、重复执行5次的移动和旋转，最后是抬笔。注意：左转的角度为每个内角对应的外角的角度值（即180°–108°=72°）。

在舞台区域中小猫绘图后的效果如图5-36所示。

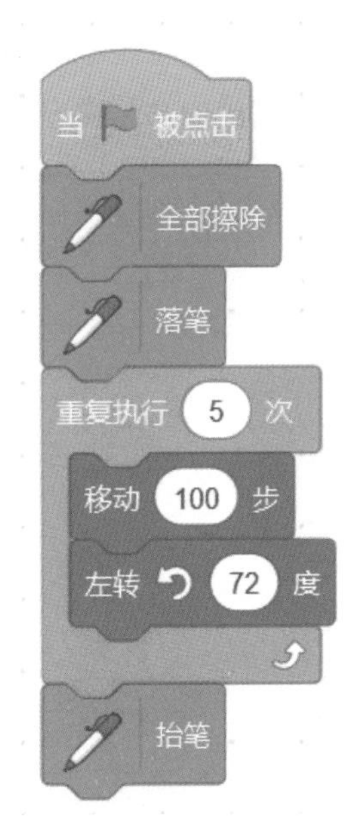

图5-35　绘制正五边形的脚本程序

图5-36　小猫绘制正五边形的结果

那么正六边形如何绘制呢？其实在正五边形的程序基础上稍加改动即可绘制出正六边形，但最重要的是要知道正六边形的每个内角是多少度。小朋友们可以在老师的帮助下试试画正六边形。

5.4 旋转的艺术

在我们平时看到的事物中有很多都具有对称性，而且大多数是由旋转而产生的“艺术品”。例如，我们玩的风车、在冬天看到的雪花等。如果把雪花放在放大镜下观察就可以发现每片雪花都是一幅极其精美的图案，连艺术家都赞叹不止。雪花大都是六角形的，它有六个花瓣，而且每个花瓣的形状相同。

5.4.1 绘制旋转的艺术图案

我们不妨假设雪花的图案是由一个花瓣通过旋转不同的角度而形成的。一起来试试吧。

① 首先还是如图5-37所示，新建项目并删除角色区默认的小猫角色。

图5-37 Scratch 3.0新建项目

② 在代码区的添加扩展中找到画笔（如图5-38和图5-39所示）。

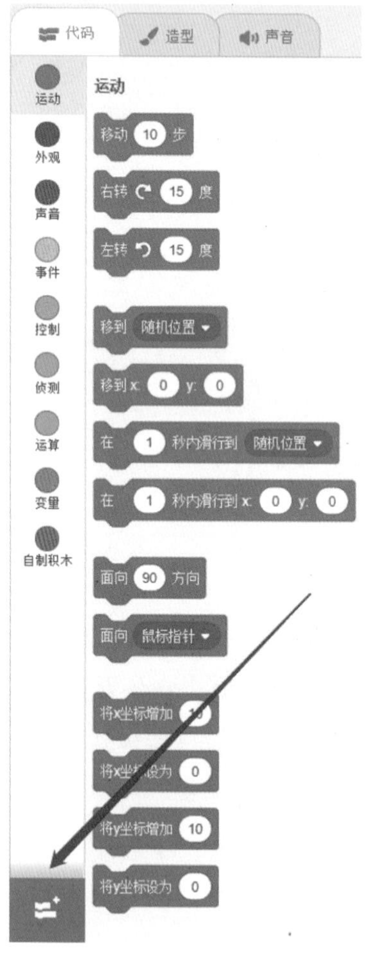

图5-38 添加扩展

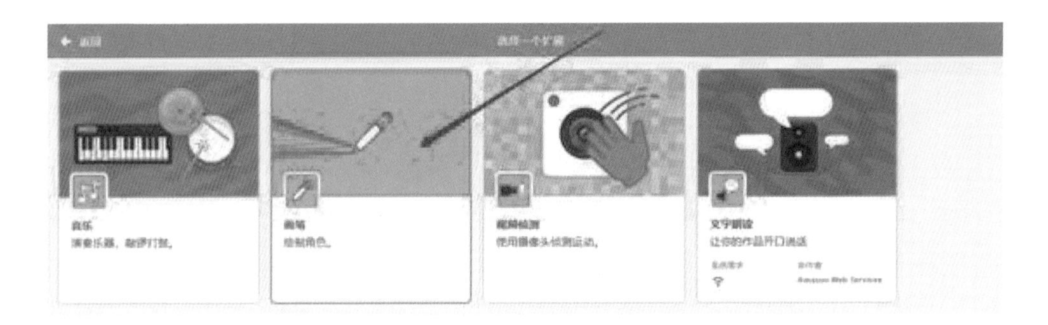

图5-39　添加扩展-画笔

③ 画笔的指令我们已经有所了解，现在开始准备工作。为了能清晰地看到旋转效果，在舞台区不选择背景，只在角色区选择了铅笔Pencil的角色（如图5-40所示）。

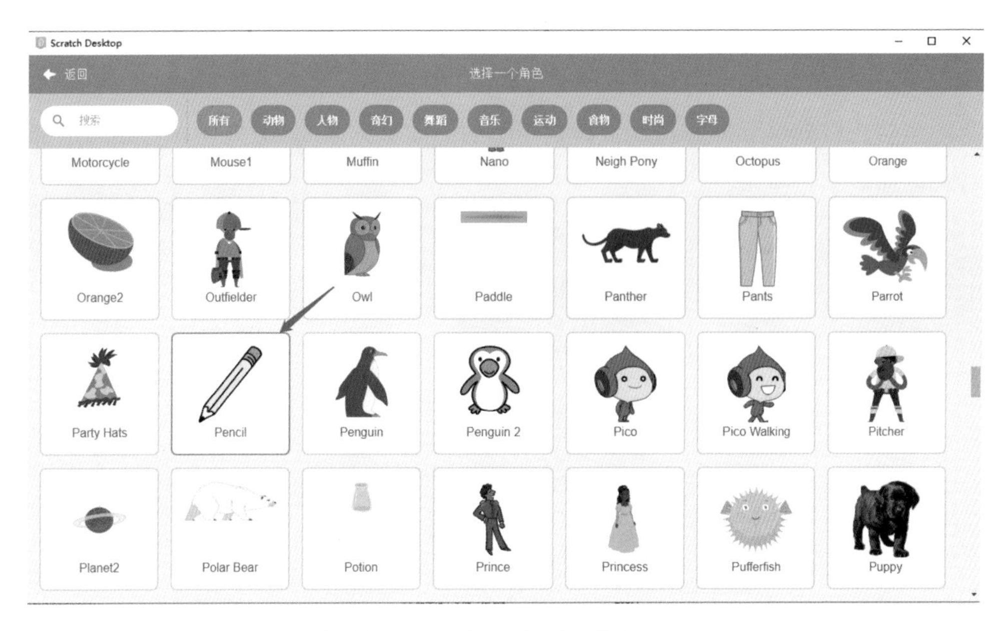

图5-40　选择角色-铅笔Pencil

适当调整铅笔的大小比例，这里的角色大小为50（如图5-41所示）。

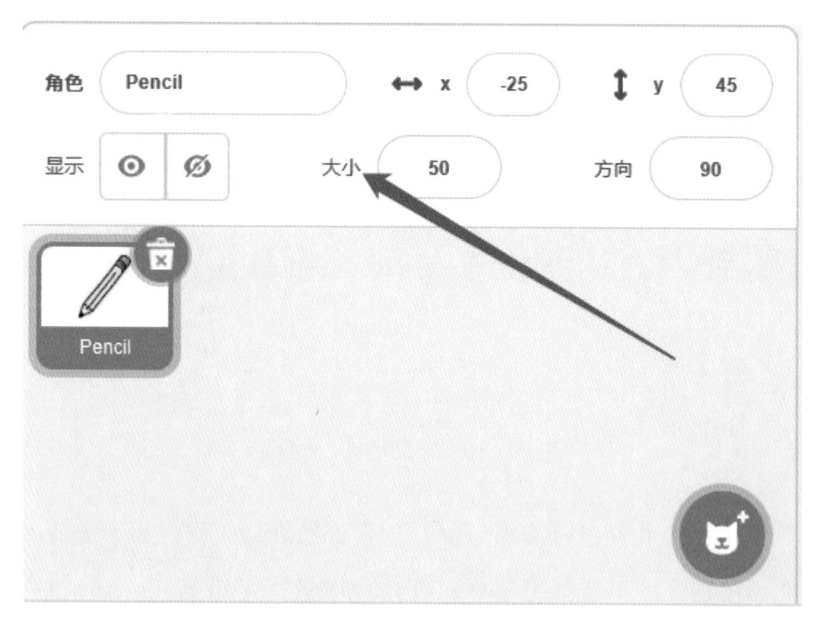

图5-41　角色属性

④ 准备工作已经完成，现在我们利用灵感开始创作吧。首先要把脚本区的初始条件罗列好，包括开始的指令和铅笔出现的位置。当绿旗图标被点击时，铅笔的位置将跟随鼠标一起移动，而且铅笔的方向始终面向90°方向。开始的这部分程序如图5-42所示。

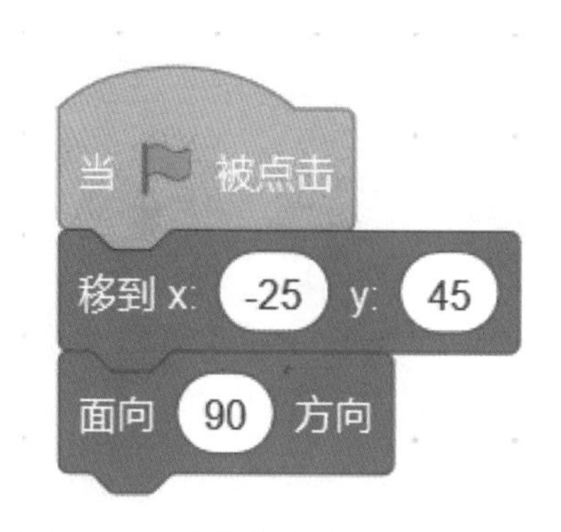

图5-42　旋转艺术脚本的初始条件

⑤ 在画笔的积木块中设置颜色及粗细，然后落笔。因为在绘制新的图案时要将原先存在的图案先清除掉，所以选择画笔积木块里的“全部擦除”指令。此时的程序如图5-43所示。

⑥ 接下来就是最重要的部分了。想要绘制一个图案，先要知道它的边长是多少。如图5-44所示，在运动积木块里找到移动指令，移动多少步可以自行设置。

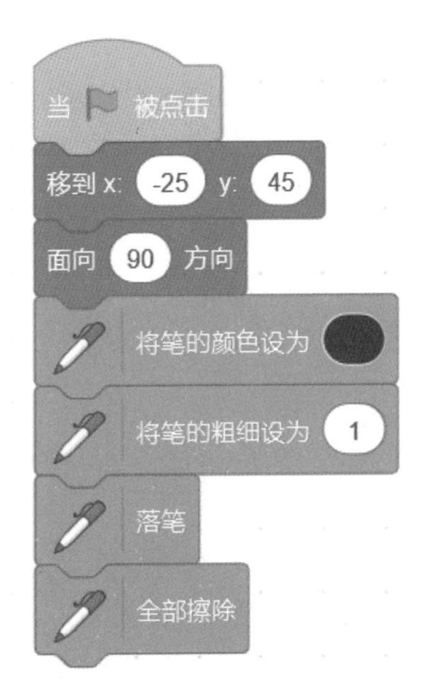

图5-43　旋转艺术脚本的画笔程序

图5-44　“移动……步”指令

⑦ 然后还需要知道左转多少度。从本章前面的内容可知，在绘制四边形时左转了90°，绘制五边形时左转了72°，即用360°除以多边形的边数就得到了旋转的角度。因此我们需要使用除法运算积木块。

为了增加游戏的趣味性，我们不提前指定边数，而是在游戏时通过计算机输入，所以它是一个变量。如图5-45所示，在代码区的变量中建立这个变量。

⑧ 这部分的脚本如图5-46所示。

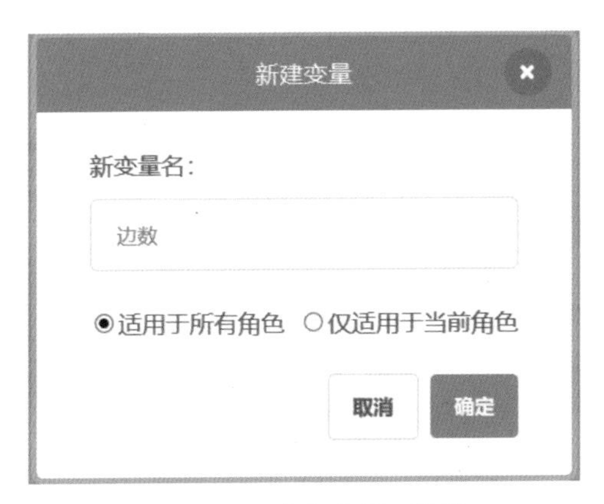

图5-45　建立变量-边数

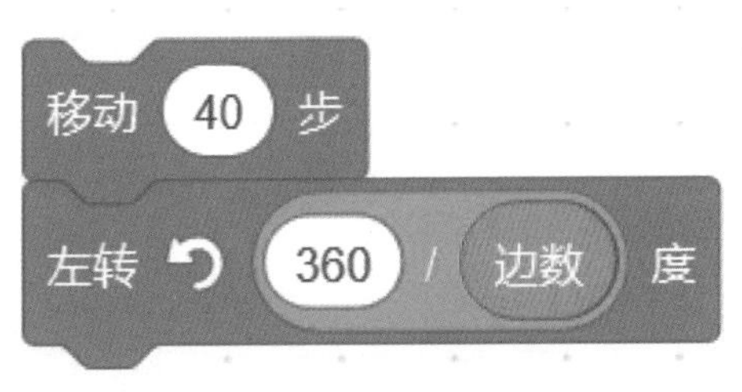

图5-46　图形旋转角度的程序

⑨ 我们在前面绘制四边形和多边形的时候用到了重复执行的指令，在这里我们继续使用。要用到控制积木块里的重复执行指令，然而如图5-47所示，能实现重复执行功能的有三个指令，我们应该选择哪个呢？

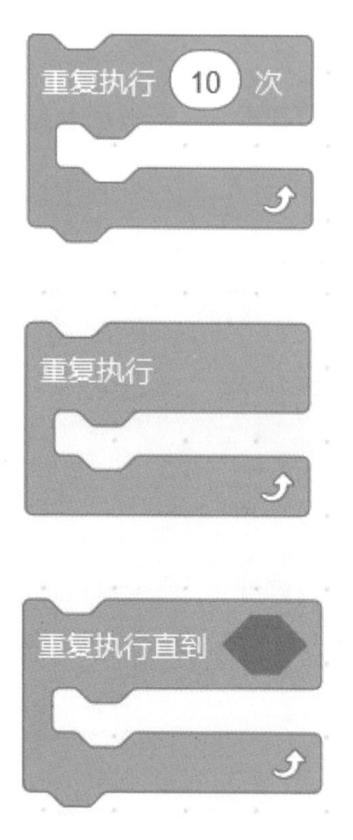

图5-47 有关重复执行的指令

在上节中我们已经介绍了这三个指令的区别。根据绘制多边形的脚本程序可知，应该选择“重复执行……次”的指令。以六边形为例，一条边绘制成功后旋转角度，这一过程重复执行6次就可以绘制成功。相同的道理，绘制几边形就需要重复执行几次。这样就完成了一个简单图形的绘制，程序如图5-48所示。

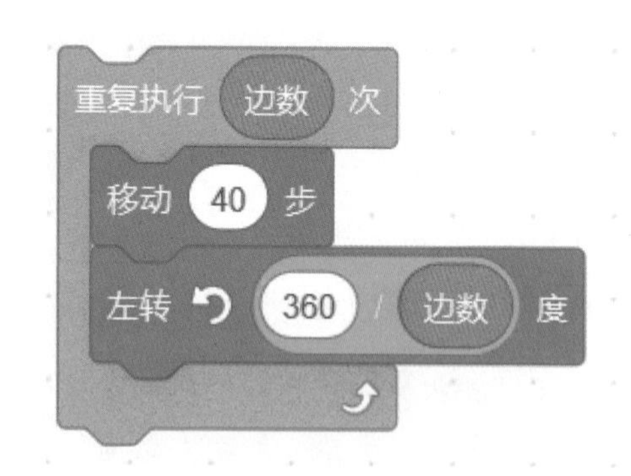

图5-48 绘制一个简单的图形

⑩ 我们可以把绘制的这个简单图形作为构成雪花六瓣中的一瓣。作为旋转的艺术品，需要将这个简单图案整体旋转后再次画出。那么想要旋转多少次呢？这个旋转次数也成为了一个变量，如图5-49所示。例如，一片雪花有六瓣，所以绘制雪花的时候旋转次数就等于6。

⑪ 那么旋转一次的角度是多少呢？我们知道一个圆周的角度是360°，也称为周角（如图5-50所示）。

因此无论在一个圆周内旋转多少次，无论图案多么复杂，只要最终的图案是对称的，那么每次的旋转角度都是360°除以旋转次数（程序如图5-51所示）。这次在画图的时候我们尝试按照顺时针去画，因此选择的是右转。

⑫ 最终的程序如图5-52所示。

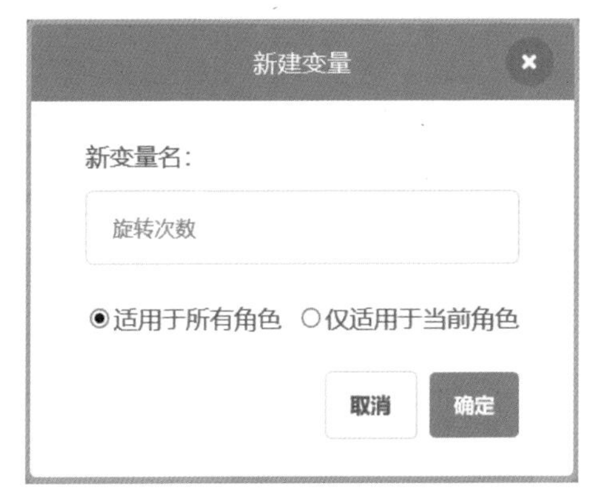

图5-49　新建变量-旋转次数

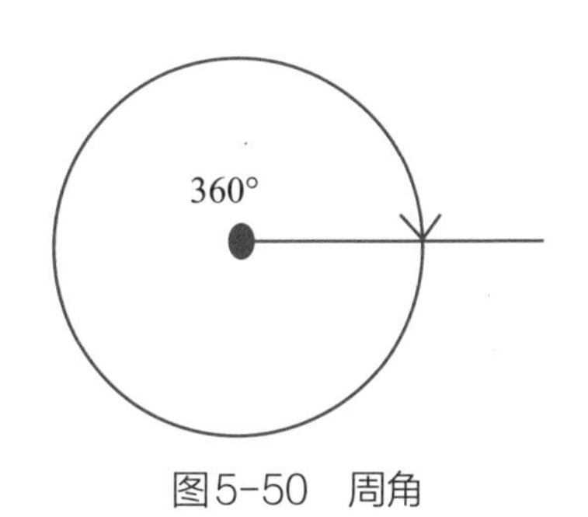

图5-50　周角

图5-51　旋转角度的程序

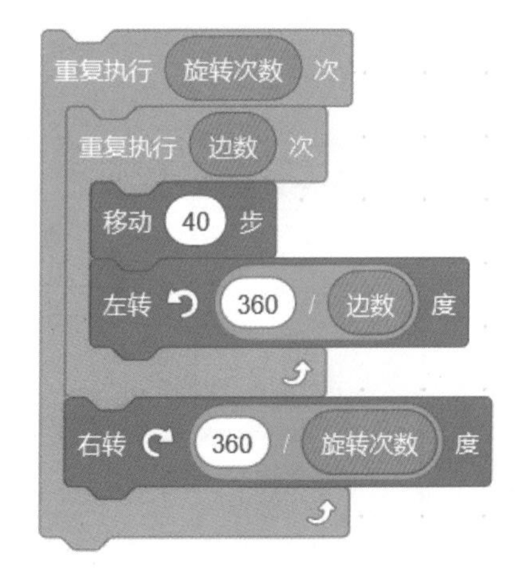

图5-52　旋转的艺术核心脚本程序

我们看到在这个程序中，在重复执行的指令里又嵌套着一个重复执行，看着有点繁琐。但是这是必要的。以绘制六瓣雪花为例，内层的“重复执行（边数）次”是绘制一瓣的程序，而外层的“重复执行（旋转次数）次”则是完成绘制六瓣完整雪花的指令。

5.4.2 自制积木

这里再教大家一个非常有用的Scratch的功能。有时候我们常用到某一段程序，当然可以在每次需要的时候都去重复地输入，但这样做却有很大的缺点：

① 重复内容的脚本很多，导致程序会很长，可读性变差。

② 如果这段脚本中的某个功能有改动，那么我们需要对整个脚本中不同地方的描述这一功能的程序做完全相同的修改。无形中会增加我们的重复性工作量，而且也极有可能会疏忽掉一些地方。

这时Scratch的自制积木功能将会派上用场。它与在一般语言编程中自己开发一个函数相似，可以把相同的一段脚本放在一个自制积木中。这个积木的使用方法和普通积木一样，只需要把它拖到需要的地方即可，就像调用函数一样。这样既简化了程序，增加了可读性，也便于修改。

现在我们就尝试定义一个名字叫“绘制图形”的自制积木（如图5-53所示），它的作用就是绘制六瓣雪花中的一瓣的形状。我们使用它就和使用普通积木是一样的。

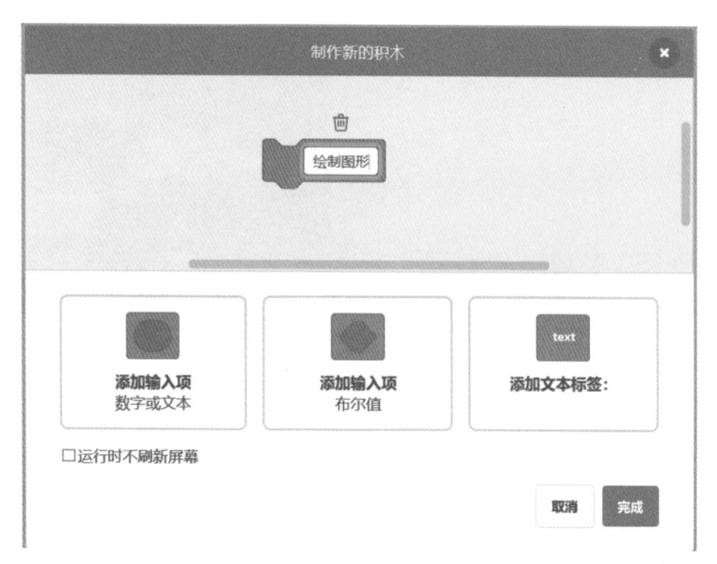

图5-53 自制积木-绘制图形

图5-54（a）是使用了自制积木后绘制完整的六瓣雪花的源程序，可将它与图5-52对比一下。图5-54（b）就是绘制构成雪花的一瓣的程序，我们把它定义成了“绘制图形”这个自制积木。这个自制积木连续使用六次就可以绘制成一个完整的雪花了。注意，要将自制积木与调用它的源程序放在一起才能起作用。

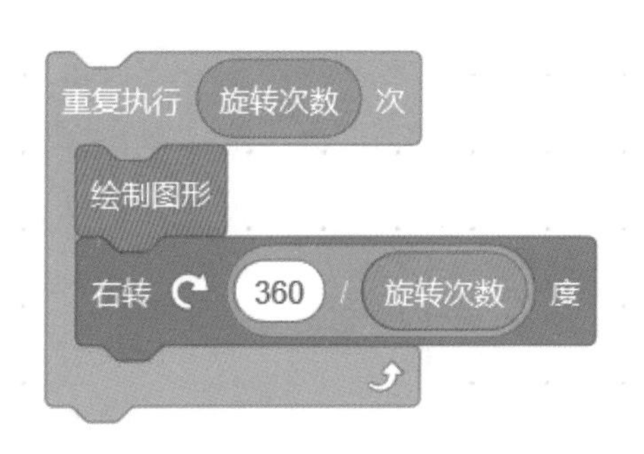

(a) 绘制六瓣雪花的完整程序

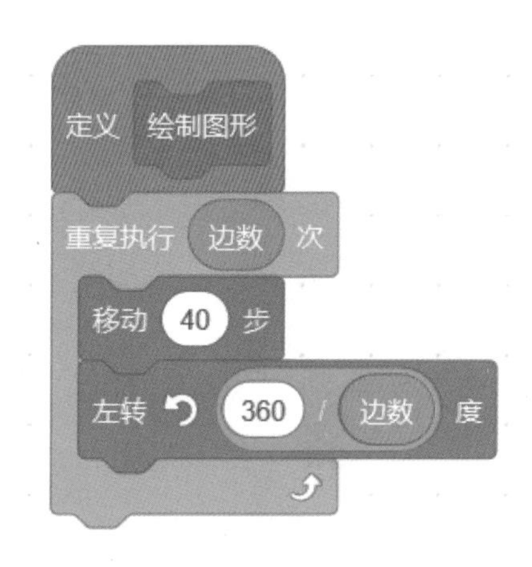

(b) 绘制雪花花瓣的程序

图5-54　利用自制积木完成旋转艺术的程序

现在脚本区的程序已经完成，只需要通过计算机输入“边数”和“旋转次数”这两个变量值，就可以绘制出一个对称的、旋转的艺术图案。整个脚本程序如图5-55所示。

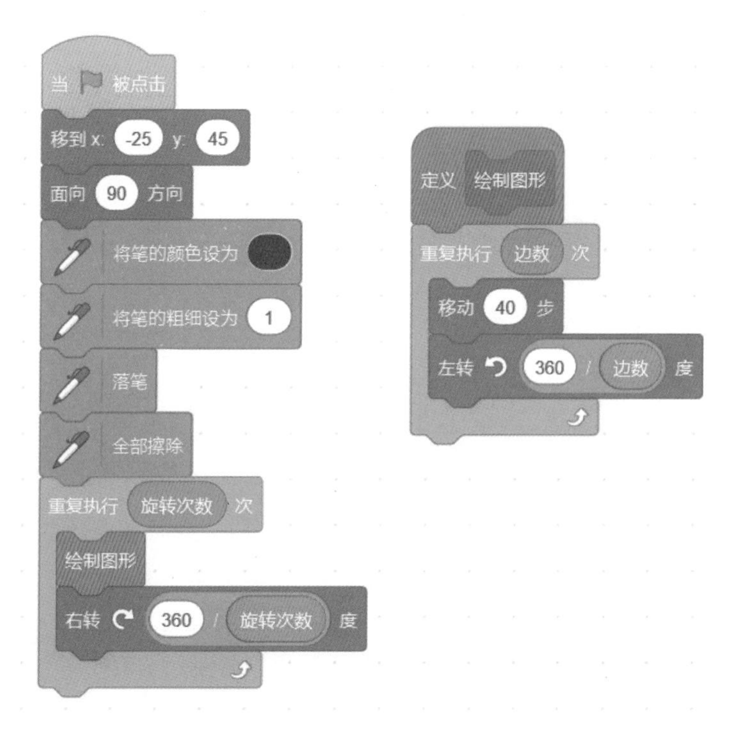

图5-55　旋转艺术的脚本程序

大家可以随意设置“旋转次数”和“边数”这两个变量值。图5-56是一个五边形旋转4次后产生的图案。

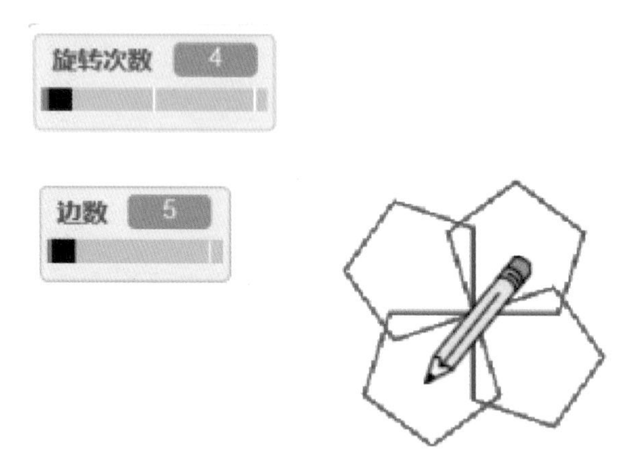

图5-56　五边形旋转4次后的艺术图案

如图5-57所示的图案都是利用刚才的“绘制图形”这个自制积木完成的，完整程序就是图5-55中的脚本。是不是非常漂亮？请尝试选取不同的旋转次数和边数绘制各种旋转艺术图案吧。

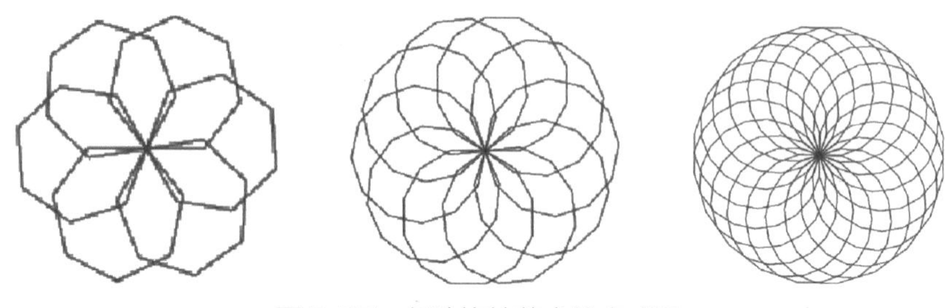

图5-57　各种旋转艺术的完成图

1. 在如图所示的三角形中，三个内角由大写的字母A、B和C表示，这三个内角对应的三个边长分别是小写的a、b和c。三角形的正弦定理和余弦定理公式各是什么？

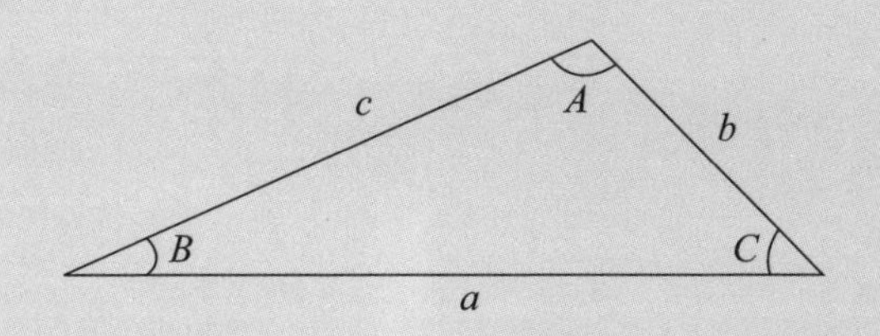

2. 三角形的三个内角的和是多少？四边形的内角和是多少？五边形的内角和是多少？

扫一扫

答案

第 6 章

用Scratch进行情景设置与编程

Scratch
3.0
CODING

6.1 走马灯动画制作

现在我们打开电视或者手机等电子设备能看到很多动画，例如熟悉的《喜羊羊与灰太狼》、《汪汪队立大功》和动画电影《哪吒》等。这些动画是如何被制作出来的呢？莉娜和小伙伴们产生了这个疑惑，让我们一起探索动画的制作吧。

6.1.1 情景介绍

1640年，阿塔纳斯·珂雪发明了“魔术幻灯”，这也是所有电影的开始。它其实就是一个铁箱子，在铁箱里面中间的位置放一支蜡烛，铁箱两边各开一个小洞，每个洞口都覆盖着一个透镜。在一片玻璃上描绘出非常有趣的图案并将它放在铁箱之内，使它处于蜡烛和一个透镜之间。蜡烛的光线通过玻璃和透镜之后，就能够把玻璃上的图案放大投射在墙上。“魔术幻灯”经过不断改良，把许多玻璃片放在旋转盘里，在墙上就出现了一种运动的幻象。

中国古代也有类似的对“光”和“影”的探索。宋代民间出现一种可以令影像活动起来的装置，名字叫走马灯，也叫骑马灯。将走马灯点燃后，上升的气流驱动纸灯旋转，在外层的灯罩上就会出现人马驱逐、物换影移的连续画面，还可以演绎简单的故事情节。

走马灯工作的原理是：在中间有一个轴，轴心上插着红蜡烛。轴上有可以旋转的小轮子，轮子周围插着彩色的小纸人和小纸马。当蜡烛被点燃以后，就会通过气流驱动轮子旋转起来，轮子四周的小纸人和小纸马也跟着转动。明亮的烛光就会把人和马的影子投射在外层的灯罩上。

皮影戏也是类似地通过投影方式表现出来的一种民间艺术形式。在过去还没有电影和电视的年代，皮影戏曾是十分受欢迎的民间娱乐活动之一，即使是现在也非常受欢迎。

我们也看过很多的动画电影，实际上它是由很多张图片快速地连续播放形成的。这是利用了人的“视觉暂留”的特性：人的眼睛在看到一幅画或一个物体后，对它的视觉感知在0.34秒内不会消失。因此如果在前一幅画的视觉暂留还没有消失时就立即播放后一幅画，那么就会给人造成一种前后连接的流畅的视觉变化效果。

一位来自墨尔本的艺术家Elliot Schultz利用这一原理制作了一系列作品。用精致的刺绣手法将作品绣在一张张类似唱片的圆布料上，完成后利用唱片放映机的转动来体现出类似动画一般的精致美。与这个原理相同，我们也可以在陀螺玩具的表面绘制各种颜色的图案，让它旋转起来后观察图案的连续变化（绘制的图案不能过于复杂，否则观察旋转起来的复杂图案会让人眼晕不舒服）。

6.1.2 情景编程

知道了制作动画的原理后，我们就可以利用Scratch来进行动画的制作。步骤如下。

① 首先还是新建项目并删除默认的小猫角色。

② 接下来我们在角色库里选择想要的图片。如果没有，可以上传自己电脑本地的角色图片（如图6-1所示）。

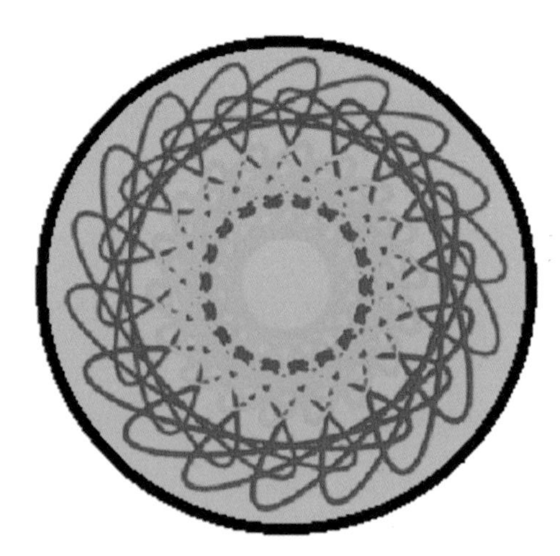

图6-1　角色图片

在这个游戏里我们没有选择背景图案，只是选择了上传的角色（如图6-2所示），这样能直观地看到动画视觉暂留的效果。

图6-2　上传角色

③ 此时舞台区上的效果及角色的属性设置如图6-3所示。

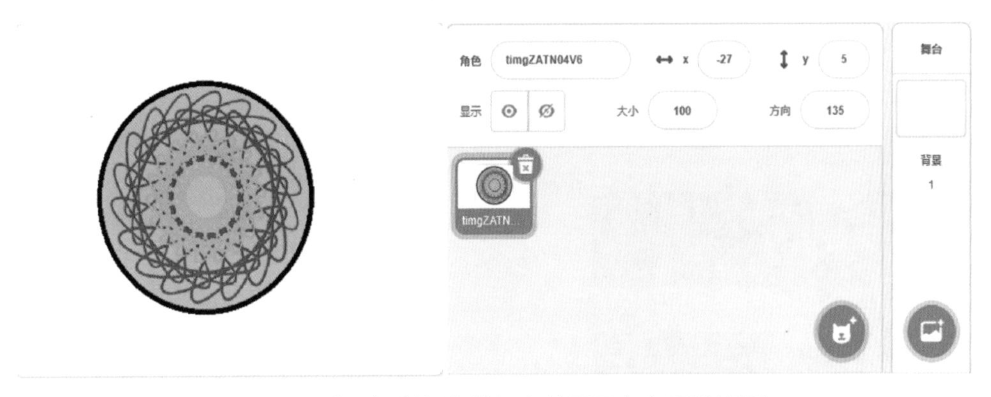

图6-3　动画视觉暂留的舞台效果及角色属性设置

④ 接下来设置脚本区域。通过上一节动画原理的介绍，发现它们都是围绕一个中心点在转动。走马灯是围绕一个中心轴在转动，而墨尔本艺术家Elliot Schultz制作的作品是围绕唱片播放器的中心点在转动。

所以我们上传的图片角色是圆形的（如图6-1所示），这样才能围绕着圆心旋转。程序开始后，就可以看到旋转着的不断变换的图案了。当然，我们也可以自己设计其他的简单的或者稍微复杂一些的图案，并且还可以调整旋转的速度，这样就可以观察不同情况下走马灯的动画效果了。那么如何调整旋转的速度呢？请看下一步。

⑤ 当绿旗图标被点击时，我们设定图片角色开始旋转。那么旋转多少度呢？角度可以自己设定。角度越大，动画旋转速度越快。反之则动画旋转速度越慢。我们设定转动15°，后面有一个延时等待的过程。

⑥ 只有一个动作指令能完成吗？这是不行的，需要重复执行。我们在前面章节中介绍过三个重复执行的指令，这次我们选用哪个呢？

这次因为没有任何的条件限制，所以选择不带条件的“重复执行”指令即可（如图6-4所示）。当然，如果想终止运行的程序，点击舞台区上方的红色实心圆的图标即可。

⑦ 根据我们前几步的分析，走马灯制作的脚本也随之完成，如图6-5所示。

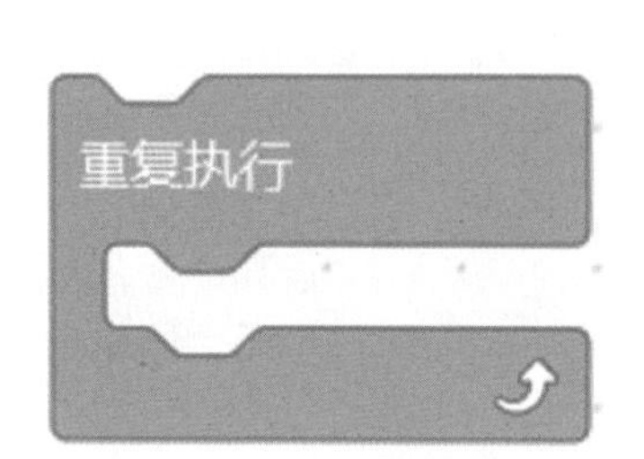

图6-4 “重复执行”指令

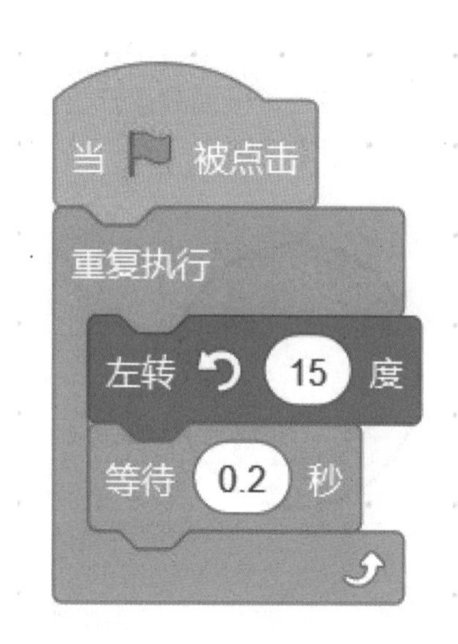

图6-5 走马灯动画的脚本程序

别小瞧程序简单哟。在大篇幅的动画制作中，动漫师需要辛苦地画出每一张手稿，工作人员也要精心地剪辑制作，他们都付出了很多的辛劳才能够呈现出一部精彩的动画巨作。当然，现在有了计算机的帮助，这些工作已经变得比较容易操作了，但是基本原理还是没有变的。

思考

此程序是向左旋转15°，如果向右旋转呢？如果旋转的角度不是15°呢？如果换成其他的图案呢？大家快来尝试不同的实验并观察动画效果吧。

6.2 车窗外面的世界

6.2.1 情景介绍

我们乘坐公交车或者由爸爸妈妈开车带我们出去游玩时，大家是不是都很喜欢看窗外的景色呢？路边的树木在倒着走，还有路边的商店、花园都是一直在后退，而且速度很快，这些景色能够一下子吸引我们。

而我们坐火车去远方旅游时，从车窗向外看会发现不一样的世界。陌生的景色不断闪烁着，有些是我们从来没有见到过的：一排低矮的农舍、一些空旷的田野、几幢古老的小楼。这些途中的景象还没有在大脑中扎根，就随着火车的前进而匆匆消失了。

你是否注意到，当车窗外的景物离我们越近，它们“奔跑”的速度就越快，反之，越远的景物速度就越慢。

我们还是通过Scratch编程来描述车窗外面的世界吧。

6.2.2 情景编程

我们还是把游戏的制作过程分为几步来进行。有些步骤（特别是开始的前几步）相信大家都很熟悉了，所以在介绍的时候会比较简单。如果觉得有困难，可以参考前面游戏的对应的解说来进行。

① 点击“文件”→“新建项目”。

② 添加背景。既然是车窗外面的世界，首先就要有一个车窗的大背景。在背景库里挑选车窗，发现并没有合适的背景。干脆我们将车窗作为角色区里的一个角色吧（车窗这个角色将在本节的后面介绍）。

角色1：小猫

③ 我们需要在舞台区有一个趴在车内向窗外看风景的角色，就选择默认的小猫吧。小猫的头应该是背对着我们面向窗外的，但在角色库里只有正面朝向的小猫。我们不妨将现有的小猫造型做一下修改。

在小猫的造型里有两种动作状态，分别是跑的动作和跳跃的动作（如图6-6所示）。我们在造型区自己去编辑改动一下。

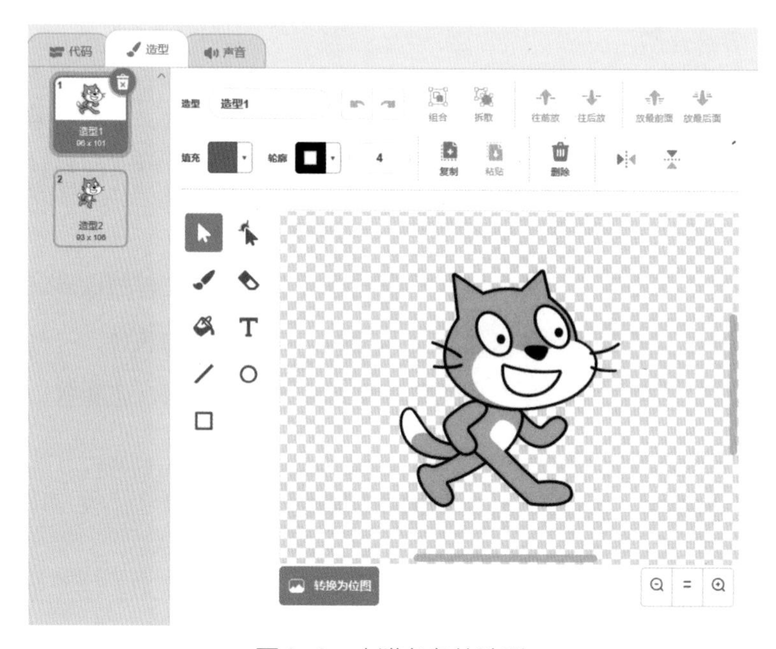

图6-6　小猫角色的造型

如果你是个小画家，就可以按照自己的想象去修改这个小猫的造型。但也有一个简单的办法，就是将小猫头部的眼睛、鼻子和嘴都去掉，这样就变成了小猫背对着我们面向车窗外的样子。

当我们用鼠标点击小猫的头部时，会将整个头部五官全部点中，这样无法只去掉单独的一部分。此时如图6-7所示，需要我们点击“拆散”这个图标。“拆散”的作用是将头部的各个器官分开，可以分别对它们进行不同的操作。

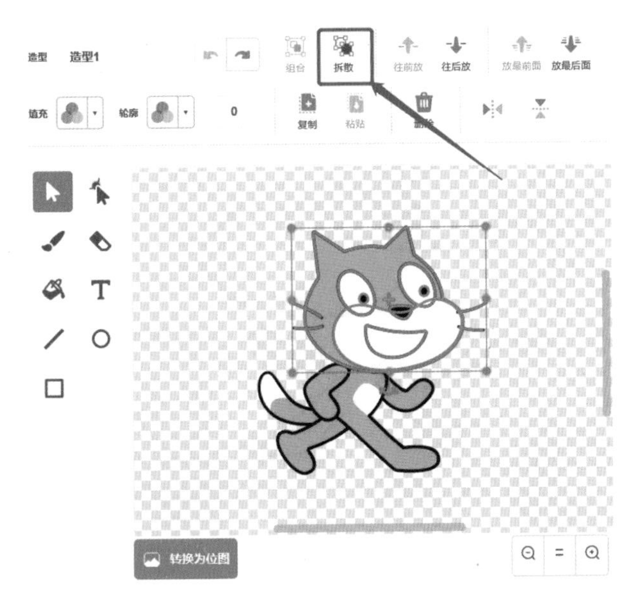

图6-7　小猫造型区域的编辑-拆散

然后再点击绘图区域中小猫头部的不同部位就可以删除了，如图6-8所示。

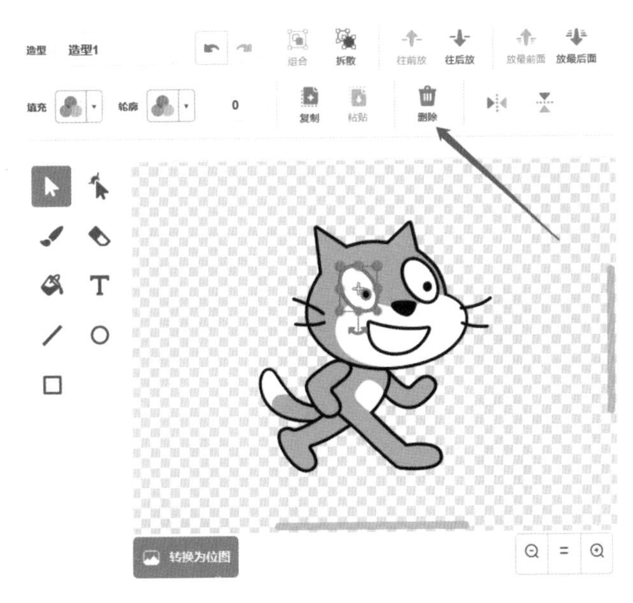

图6-8　小猫造型区域的编辑-删除

删完之后小猫的造型如图6-9所示。虽然不是非常完美，但我们姑且就认为它是背对着我们的样子吧。

图6-9 小猫角色

角色2：车窗

④ 在角色区是没有车窗的，我们可以从自己的计算机里上传车窗的图片。在这个游戏中我们自己来绘制车窗，首先点击图6-10所示的“绘制”图标。

车窗的样子是一个长方形的方框，车窗的玻璃很光亮，阳光照射进来会有些闪耀，所以在窗户的左上角和右下角画一些斜的线段（如图6-11所示）。

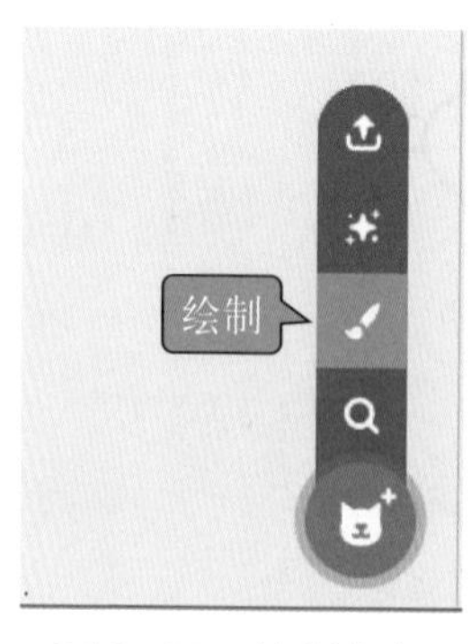

图6-10 绘制角色

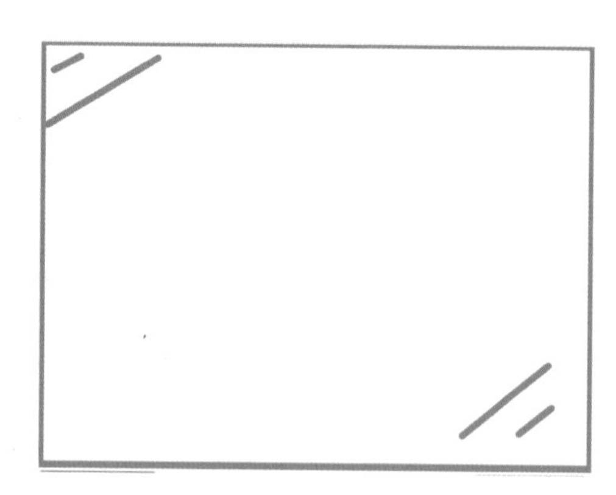

图6-11 角色车窗

⑤ 自己绘制的车窗图案在角色区内默认的名称为“角色2”，我们改成新的名字“车窗”，如图6-12所示。

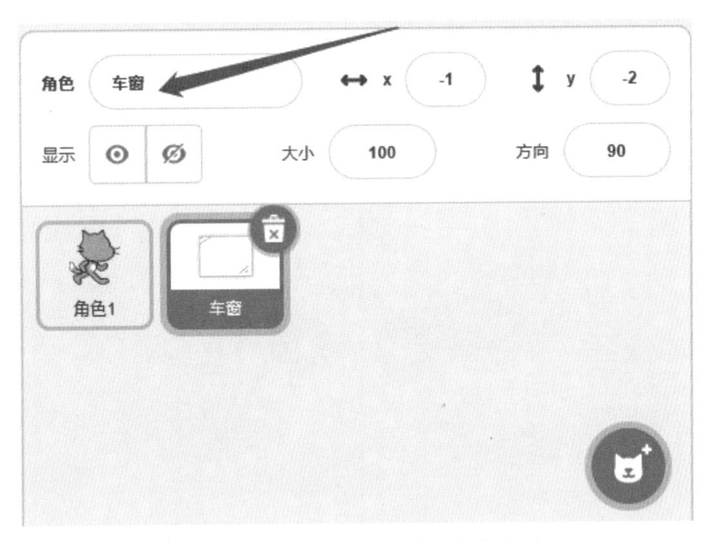

图6-12　车窗角色属性-角色名称

⑥ 车窗外面应该有很多角色，比如树木、建筑物，还有奔腾的马匹。如图6-13所示，我们分别给这些角色命名为Trees、Buildings、Unicorn Running。完成后，现在一共有5个角色，下面开始在脚本区为各个角色分别编写脚本程序。

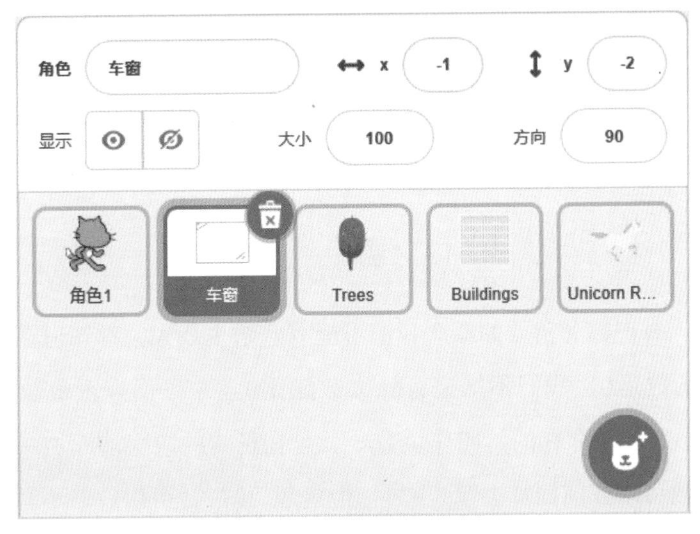

图6-13　游戏角色列表

⑦ 我们知道，当车从左向右行驶时，小猫在车窗里看到的景物是从右往左走。根据前面讲的舞台区的x和y坐标轴，我们设向右走为正方向，那么向左走有两种表示方法（我们可以选择其中的一种）。

a.将所有窗外角色的方向由之前的初始方向90°改为–90°（如图6-14所示），然后再移动步数。

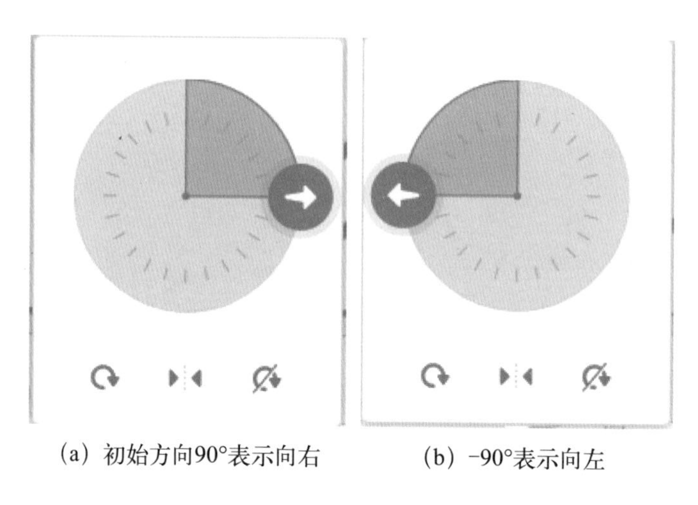

（a）初始方向90°表示向右　　（b）–90°表示向左

图6-14　角色方向

b.将移动步数直接改为负数（如图6-15所示），也表示与设定的正方向相反。

图6-15　“移动……步”指令

在这里，对正数和负数的概念我们可能有些陌生。大家都知道在自然数的范围里比1小的数是0，我们不知道有什么数能比0还小。而在正负数都有的范围里面，比0小的数是存在的，叫作负数。就是在正常的数字前面加一个减号（–）来表示。正数可以在前面加上“+”号，但一般“+”号可以忽略不写（如图6-16所示）。如果以0为中心的话，向右走是正数，向左走就是负数。因此图6-15中的“移动-10步”就相当于向左走10步。

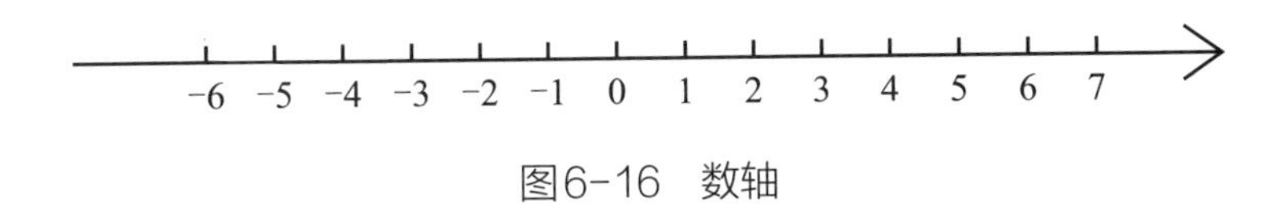

图6-16 数轴

⑧ 我们选择上面介绍的后一种方法来编程，也就是小猫看到的窗外景物相对于车窗都是在移动负数步（向左移动）。

车窗外的景物有近有远，在程序脚本中被称为层次感。按照由近及远的排列顺序依次应该为小猫→车窗→树木（Trees）→奔马（Unicorn Running）→建筑物（Buildings）。但是因为车窗图片没有透明度，所以将车窗放到最后一层，即如图6-17所示，顺序为小猫→Trees→Unicorn Running→Buildings→车窗。

图6-17 游戏编程角色的顺序表（由近及远）

根据我们的常识，车外离车窗近的物体会比离得远的物体移动速度快，在移动各个角色步数的时候应该注意这个问题。

角色1：小猫的脚本

⑨ 当绿旗图标被点击时，小猫的头始终在车窗前显示。通过外观的积木块我们找到“移到最前面”的指令，将该指令拉到脚本区（如图6-18所示）。

此时舞台区如图6-19所示。

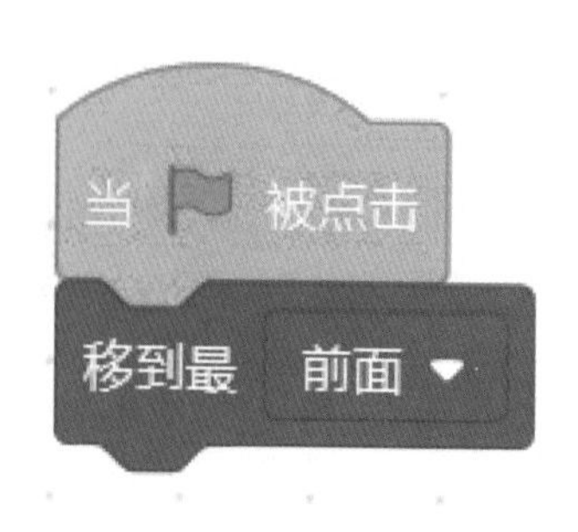

图6-18　角色小猫的脚本程序

图6-19　小猫在车窗前的舞台效果

角色2：车窗的脚本

⑩ 当绿旗图标被点击时，先将车窗移动到最前面（遮挡住所有的其他角色），然后向后移动一层把小猫露出来。因此我们需要再加一句“后移1层”指令。在外观的积木块中找到前移或后移的指令（如图6-20所示），把“前移”换成“后移”。

⑪ 考虑到车窗是不透明的，在游戏中当需要展现车窗外面的景物时，需要把车窗移到最后一层，也就是第5层。因此需要将它后移4层（如图6-21所示），否则车窗外的其他角色（景物）都会被车窗挡住了。

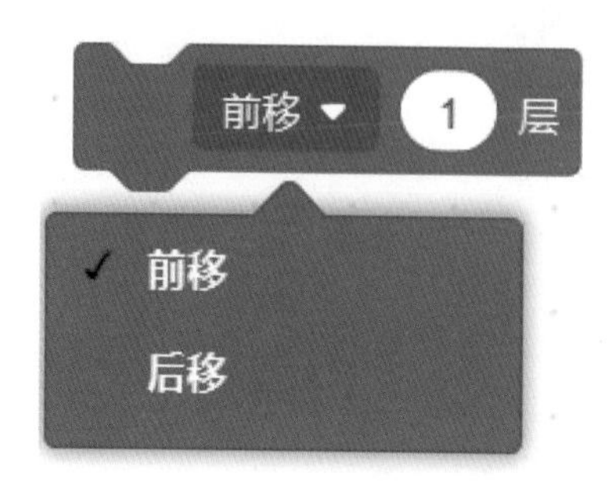

图6-20　位置前后移动指令

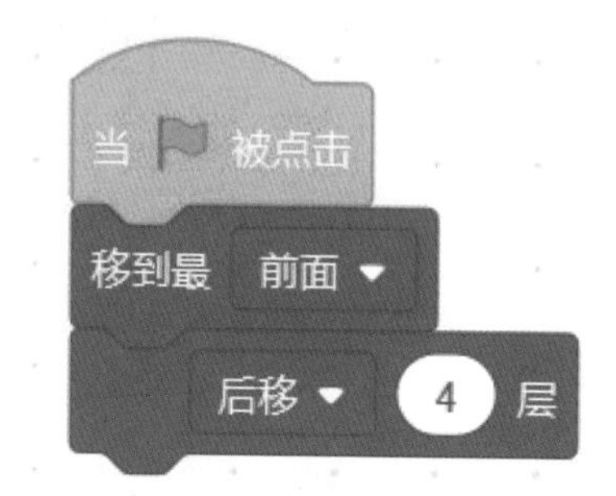

图6-21　角色车窗的脚本程序

角色3：Trees（树木）的脚本

⑫ 当绿旗图标被点击时，需要考虑树的前后层次问题。树被安排到车窗外景物的第一层，因此相当于从最前面这一层（小猫）向后移动一层（如图6-22

所示）。

⑬ 如何表现出车窗外的景物向后跑呢？这是树的移动位置问题。因为车是从左向右开，所以树就是从右往左移动，也就是移动负数步。这里定为“移动-10步”（如图6-23所示）。

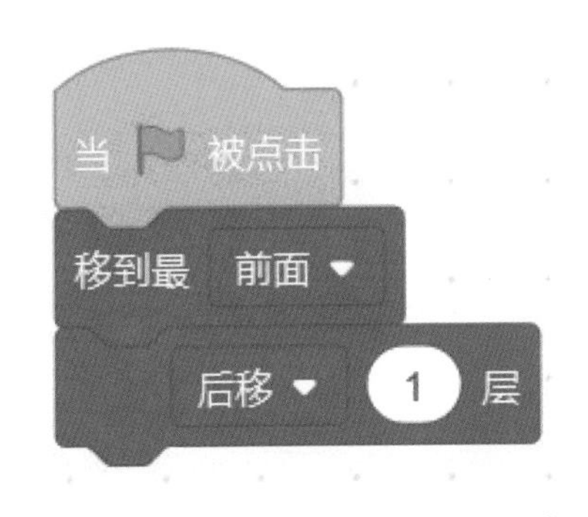

图6-22　角色Trees的位置程序

图6-23　“移动-10步”指令

⑭ 树从窗外的右侧向左侧运动，还涉及坐标问题。在舞台区域，横坐标x的坐标范围是（-190，193）。因此最右侧坐标是193，最左侧坐标是-190。当一棵树在窗外从最右边移动到最左边时，它的坐标不能比-190还小，因为再小的话就相当于在舞台区域之外显示出来了。这时用到运算积木块来比较数值的大小（如图6-24所示）。

⑮ 如果树移动到最左边，也就是它的x坐标＜-190，那么就让树重新在最右边出现，将x坐标设为最右侧坐标193（如图6-25所示）。

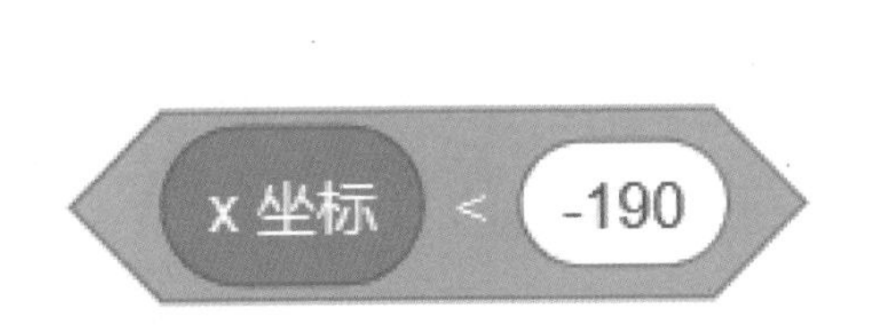

图6-24　Trees的x坐标左侧范围

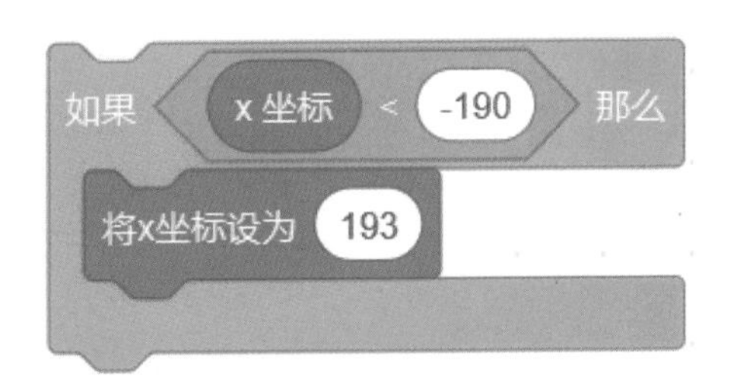

图6-25　Trees的x坐标范围

⑯ 这样树的位置就从窗口的最左边跳跃到最右边，之后重新移动到最左边。这样的动作一直循环下去（如图6-26所示）。如果想要终止程序，可以用鼠标点

击舞台区上方的红色实心圆的图标。

⑰ Trees的角色脚本已经完成，如图6-27所示。

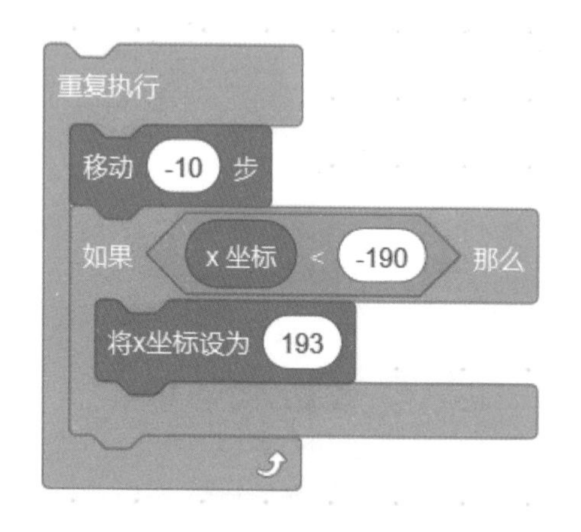

图6-26　Trees的移动程序

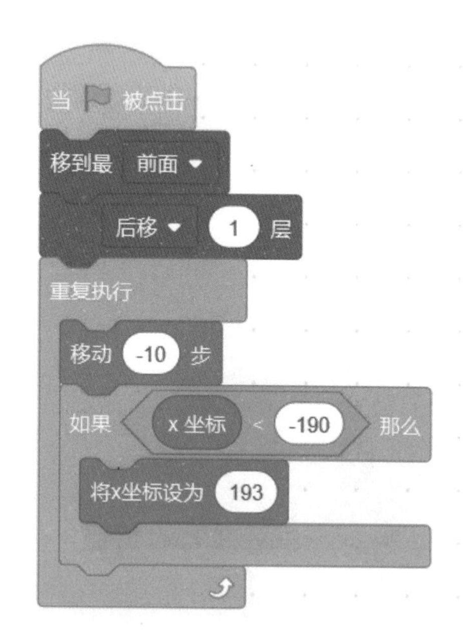

图6-27　Trees角色的脚本程序

此时的舞台区如图6-28所示。

图6-28　车窗前的舞台效果-加入树木

角色4：Buildings（建筑物）的脚本

⑱ 角色4是Buildings，它与角色3（Trees）的脚本很相似，所以我们在角色

3的基础上修改一下即可。将角色3的脚本复制，然后用鼠标拖拽到角色区里对应的角色4上。由于角色4是在第4层，所以要后移3层（如图6-29所示）。

⑲ 还有一个问题就是层次上Buildings是在Trees的后面，所以速度要相对慢一些。速度快慢问题如何解决呢？其实刚才设定Trees的速度是每次“移动–10步”，也就是每次Trees好像是在向左走10步。如果感觉移动得太快了也可以改成“移动–5步”。那么Buildings“走”的步数少一点（数字小一点）不就表示它走得慢了吗？就让Buildings每次“移动–1步”吧（如图6-30所示）。

⑳ Buildings在从右向左运动时，变化的也是x坐标。设定Buildings的x坐标变化范围同样是在–190 ～ 193之间。

此外我们发现图库中角色4的造型有很多（如图6-31所示），当角色4从右到左移动一遍之后就可以换下一个造型（如图6-32所示），表示出现了另一个建筑物。

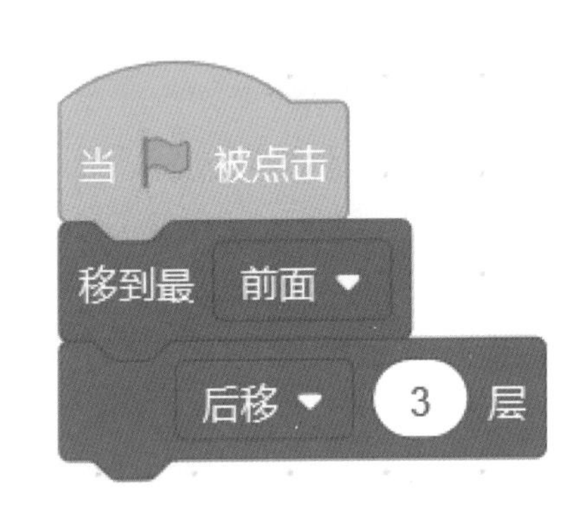

图6-29　角色Buildings的位置程序

图6-30　“移动-1步”指令

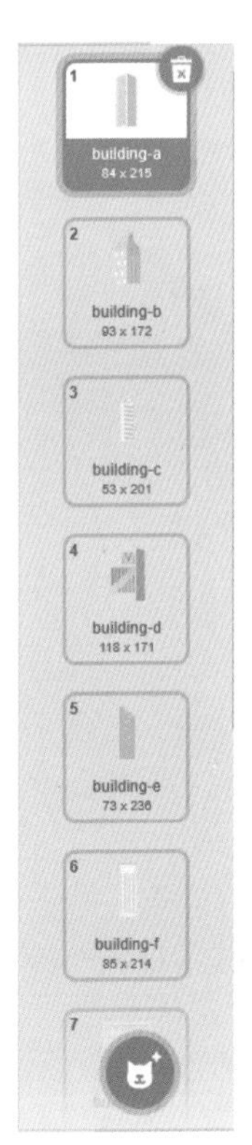

图6-31　角色Buildings的造型

㉑ 和角色3（Trees）的脚本相同，Buildings的脚本也是一直循环重复执行。完整的脚本程序如图6-33所示。

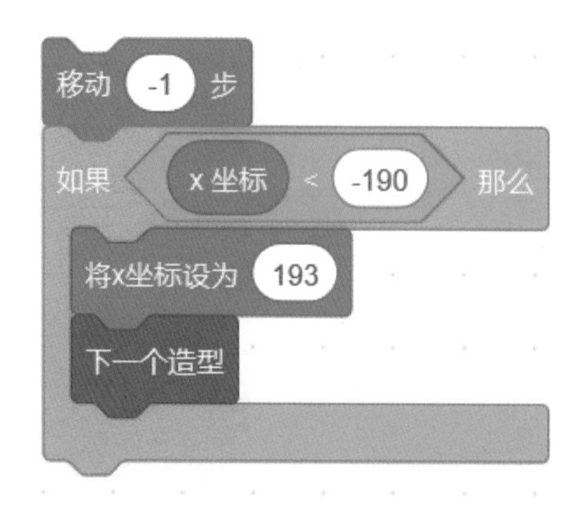

图6-32　Buildings的移动程序

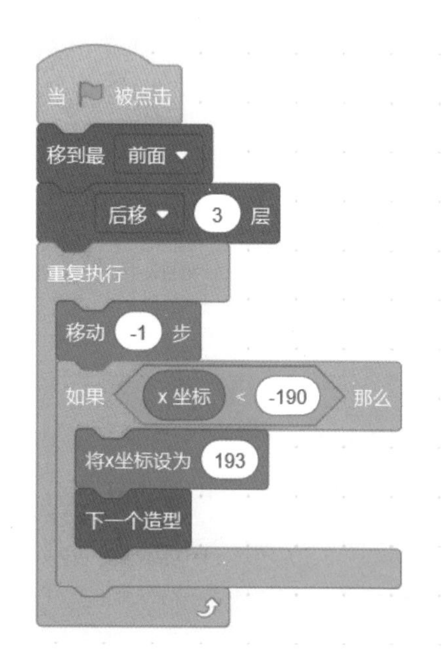

图6-33　角色Buildings的脚本程序

此时的舞台区如图6-34所示。

图6-34　车窗前的舞台效果-加入树木和建筑物

角色5：Unicorn Running（奔马）的脚本

㉒ 角色5是奔马的形象，将它的大小调整为50（如图6-35所示）。

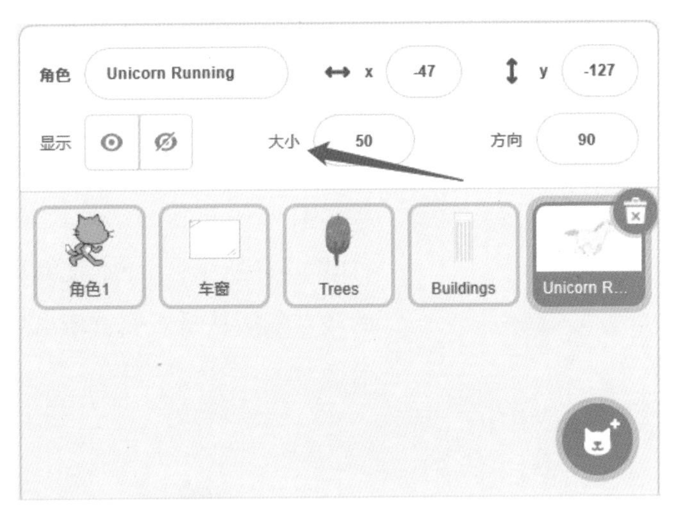

图6-35　当前角色属性-大小

㉓ 角色5和角色4（Buildings）相同，也是在角色3（Trees）脚本的基础上对脚本进行修改编辑。角色5的显示位置应该在角色3和角色4的中间。小猫的角色为第1层，树木的角色为第2层，马的角色是在第3层，所以要将马后移2层（如图6-36所示）。

㉔ 因为马匹与车窗的距离是在树木和建筑物之间，所以观看它的移动速度应该比树木慢，但比建筑物要快，我们设定马匹的速度为“移动-3步”（如图6-37所示）。

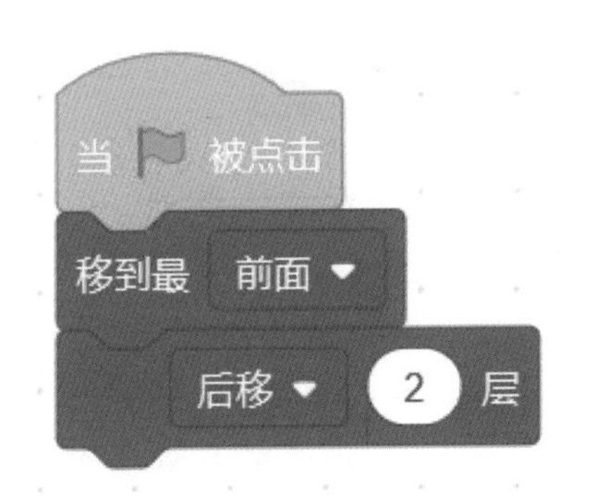

图6-36　角色Unicorn Running的位置程序

图6-37　“移动-3步”指令

图6-38 角色Unicorn Running的造型

㉕ 如图6-38所示，我们看到马匹的造型有很多，同样也需要将马匹的奔跑造型进行切换，这样能够更生动地展现马匹奔跑的样子。马匹造型切换和角色4（Buildings）不同，角色4是从右向左移动完一次后再切换造型，而马匹是要体现出奔跑的样子。所以马匹每移动一次就要变换一次造型（如图6-39所示），而不是等马匹跑到舞台的最左侧后从最右侧重新出现时再展现新的造型。

图6-39 角色Unicorn Running的奔跑程序

㉖ 同样马匹角色的x坐标的范围为–190 ～ 193，如图6-40所示。

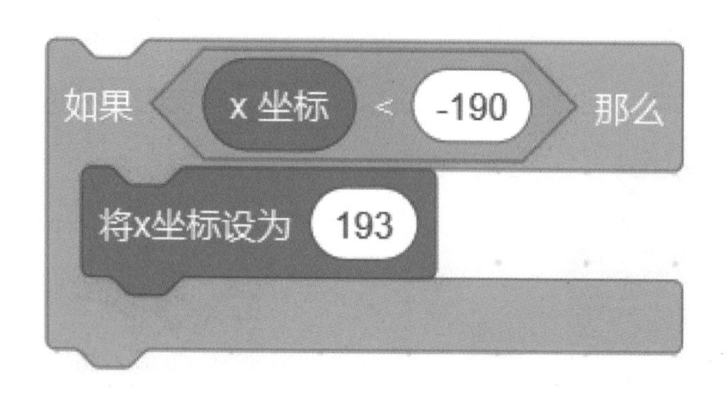

图6-40 角色Unicorn Running的x坐标范围

㉗ 马匹角色的脚本程序已经完成，如图6-41所示。

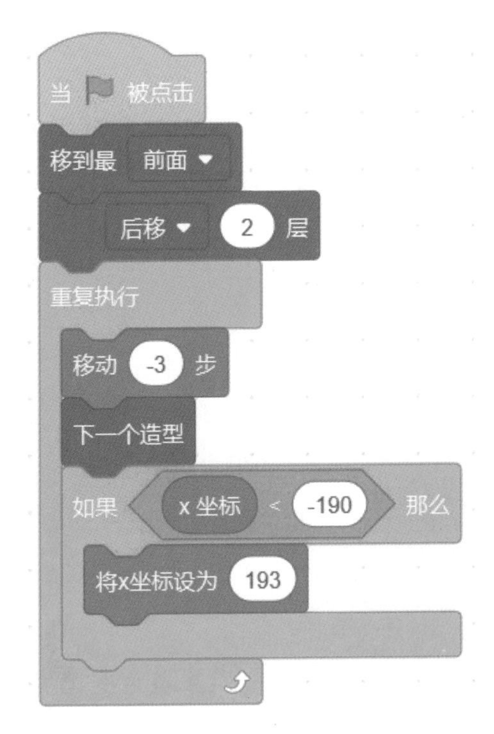

图6-41　角色Unicorn Running的脚本程序

此时的舞台区如图6-42所示。

图6-42　车窗前的舞台效果-加入树木、建筑物和马匹

到此为止，这个车窗外的世界就已经编辑好了。玩起来观察一下效果，看看我们还需要进行哪些改进。

6.2.3 游戏的改进版

我们是不是有这样的感受，就是当我们坐在车里从车窗向外观看外面景物的时候，车行驶速度的快慢直接影响车窗外景物“移动”的速度。如果我们乘坐的车速度很慢，我们看到车窗外面的世界移动速度也会很慢。

接下来，我们就对刚才的程序进行改进，把它升级到2.0版本。也就是通过改变车的速度变量，实时看到窗外每个景物角色的速度是如何变化的。

① 接着前面的程序。我们在变量的积木块中建立一个新的变量“车速”，它适用于所有角色，因为所有的角色都会根据这个车速的变化去改变自己的移动速度（如图6-43所示）。

② 每个角色的移动步数都跟随“车速”的改变而变化，在我们的升级版程序中这个“车速”数值可以随时改变。所以如图6-44所示，车速能够实时地显示在舞台上。

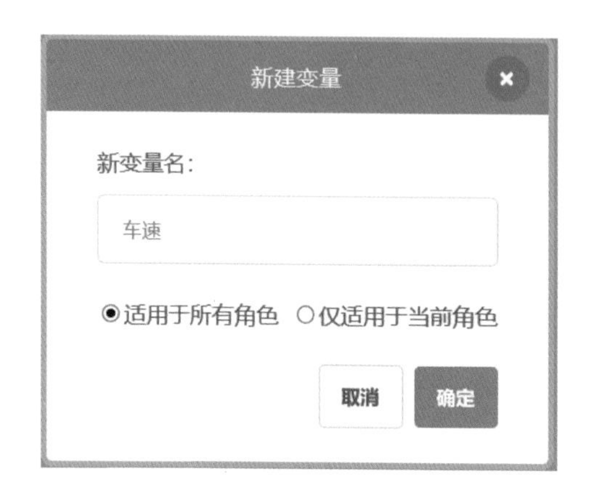

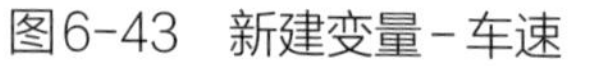
图6-43　新建变量-车速

图6-44　变量“车速”数值的设置

此时舞台区的效果如图6-45所示。

有了“车速”这个变量之后，窗外每个角色的速度都与它产生关系了。

图6-45　当前舞台区的效果

③ 角色Trees移动的步数变成“车速×（–1）步”（如图6-46所示）。此时角色Trees的脚本程序如图6-47所示。

图6-46　“移动车速×（-1）步”指令　　图6-47　角色Trees的脚本程序

④ 建筑物角色Buildings的速度比树木角色Trees的速度要慢，所以在车速×（-1）的基础上再乘以一个小数0.25（如图6-48所示）。

⑤ 奔马角色Unicorn Running也是相同的道理，只需要将速度改一下即可，如图6-49所示，在车速×（-1）的基础上再乘以0.5。

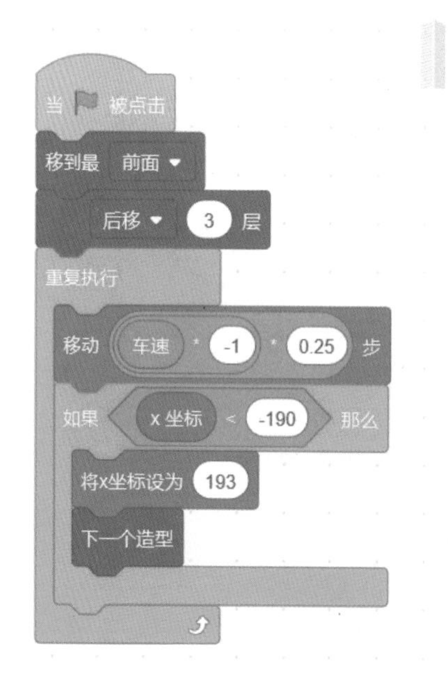

图6-48　角色Buildings的脚本程序

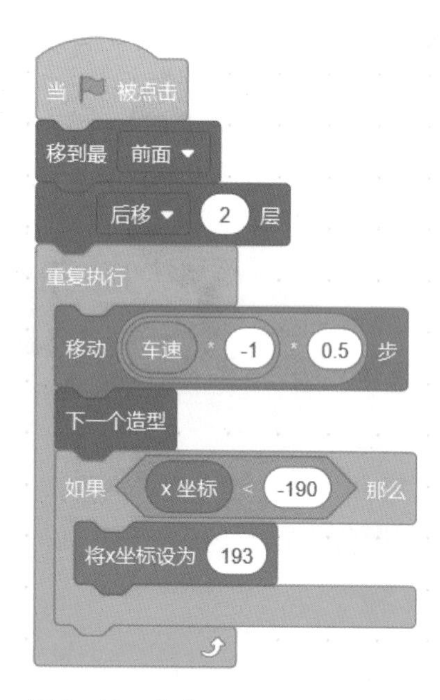

图6-49　角色Unicorn Running的脚本程序

到此为止这个升级版本也已经设计完毕。大家看看还有没有再提升的空间。开动我们的大脑，积极探索吧。

扫一扫

答案

1. 在设计走马灯的动画程序时，是利用了人眼的什么特性使得图案看起来像在连续地运动着？

2. 假设角色从画面的左侧向右侧移动时是正方向，那么如何编程表示角色从右向左移动呢？

第 7 章

用 Scratch 设计体感游戏切西瓜

Scratch 3.0 CODING

体感游戏，顾名思义就是通过肢体的动作变化来进行操作的新型电子游戏。它使用3D摄像机/麦克风捕捉人的动作和声音来控制游戏里的角色。Scratch具有初步的视频体感功能，能够开启摄像头感知手势的方向和位置，以此来实现这一游戏功能。

说起体感游戏，大家对“切水果”游戏应该是再熟悉不过了。在触屏的电子设备上用手指做出划水果的动作，就完成了一个切水果的任务。不同的水果将从屏幕上方的不同位置，沿着不同方向下落，切中一个水果就加分，太好玩了。

这种体感游戏，我们能不能自己用Scratch编程来实现呢？回答是肯定的，在这里我们就学习如何设计切西瓜的游戏。

7.1 规划游戏

还是提前把我们将要做的游戏画面透露给大家看看吧（如图7-1所示）。怎么样，漂亮吧？大家是不是已经跃跃欲试了？

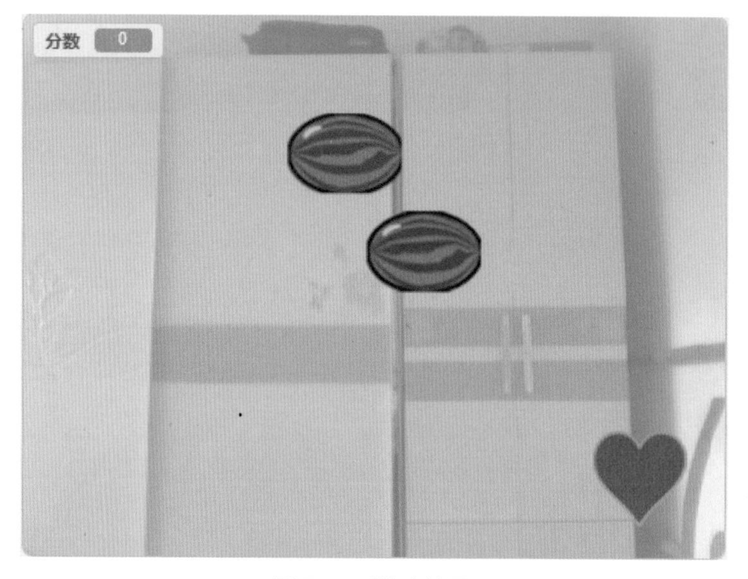

图7-1　游戏效果

在编辑脚本之前，还是要先开始我们的准备工作。

① 首先要新建一个项目，将默认的小猫角色删除。

在这里需要说明一下，如果使用的是Scratch离线版，新建一个项目要通过以下步骤来实现：点击“文件”→“新建项目”（如图7-2所示）。

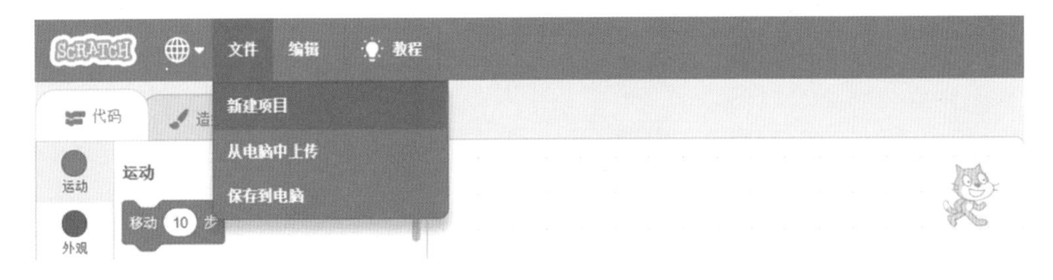

图7-2　新建项目

如果使用的是Scratch在线版，一个新的项目就是通过点击“文件”→“新作品”来创建（如图7-3所示）。

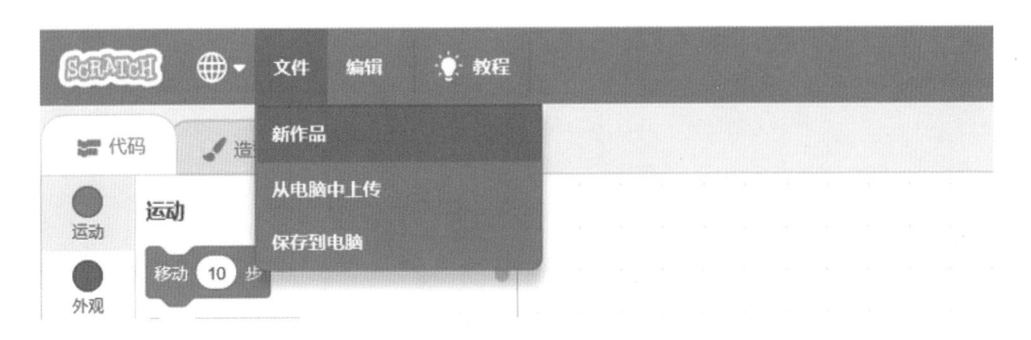

图7-3　创建新作品

② 通常我们设计游戏的时候会选择一个贴合游戏本身的舞台背景，这次我们的舞台需要实时显示手部动作的变化，要用到代码区的“视频侦测”这个扩展模块，所以不再上传背景图片了。

在代码区的添加扩展（如图7-4所示）里找到视频侦测的积木块（如图7-5所示）。

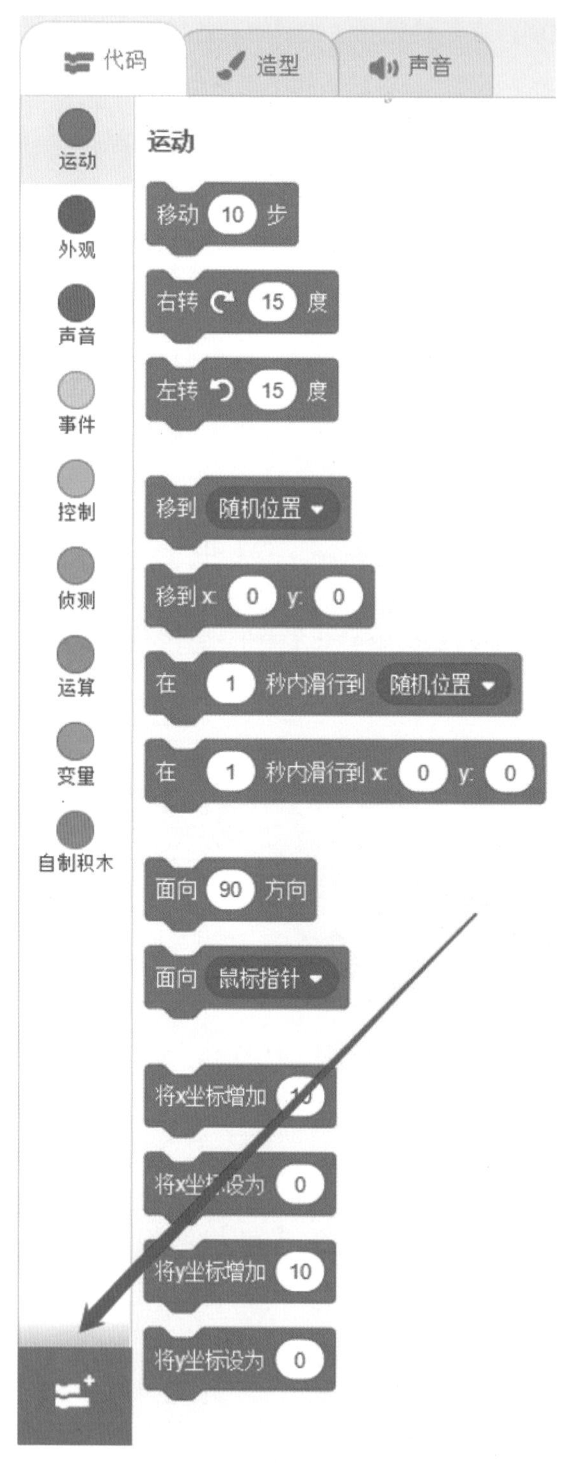
代码
造型
声音
运动
外观
声音
事件
控制
侦测
运算
变量
自制积木
运动
移动 10 步
右转 15 度
左转 15 度
移到 随机位置
移到 x: 0 y: 0
在 1 秒内滑行到 随机位置
在 1 秒内滑行到 x: 0 y: 0
面向 90 方向
面向 鼠标指针
将x坐标增加
将y坐标增加 10
将y坐标设为 0

图7-4　添加扩展模块

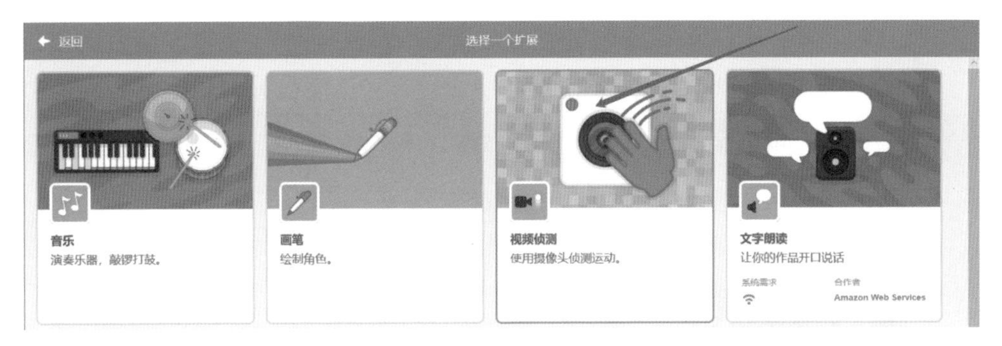

图7-5　添加扩展-视频侦测

③ 打开它之后，舞台区域的背景就显示为电脑打开摄像头时摄入的景象（如图7-6所示）。如果所用的计算机没有安装摄像头，那么需要先安装并调试好摄像头才能玩这个游戏。

说到图7-7所示的4个用于视频侦测的积木块，我们将这些指令分为条件事件、设置摄像头的指令和设置侦测系数三类。

图7-6　舞台区域的背景

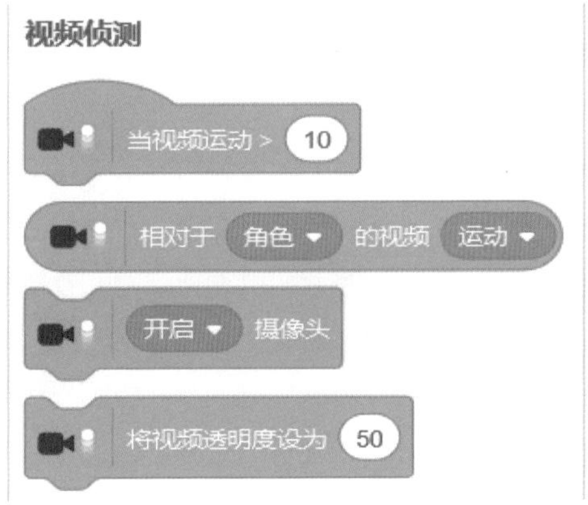

图7-7　视频侦测积木块的指令

● 条件事件（如图7-8所示）：当侦测到拍摄的视频动作大于指定的参数时就执行它后面连接着的程序。

图7-8　“当视频运动>……”指令

● 设置摄像头的指令（如图7-9所示）：用于开启、关闭或镜像开启摄像头。

● 设置摄像头的另一个指令是设置视频效果（透明度）的指令（如图7-10所示）：100%表示完全看不到景物（景物被100%地“透明”了），0%为可以清晰地显示出景物。

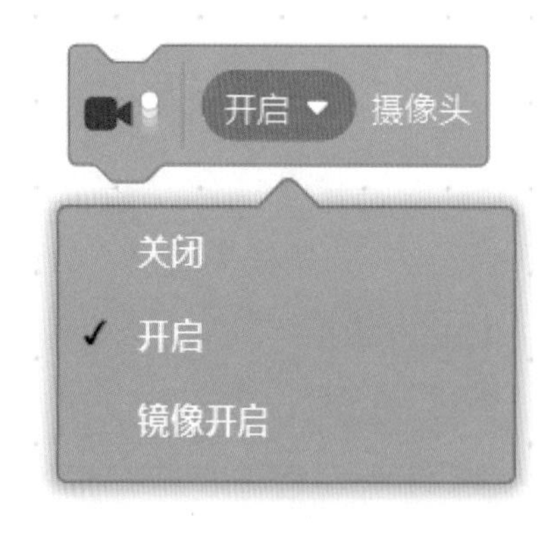

图7-9　设置摄像头指令

图7-10　视频透明度的设置

a. 视频透明度为100%的效果如图7-11所示。

b. 视频透明度为50%的效果如图7-12所示。

图7-11　视频透明度为100%

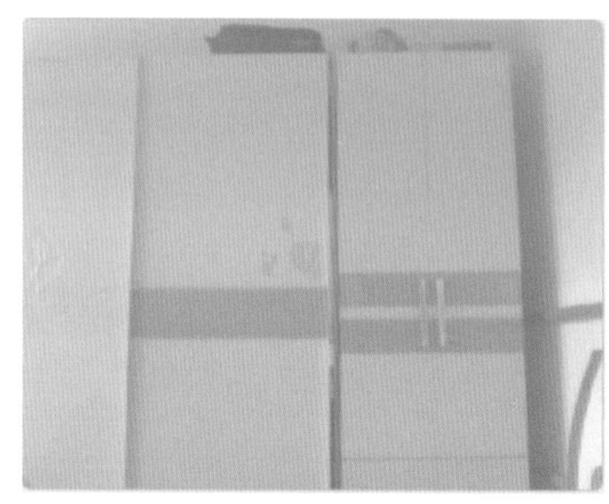

图7-12　视频透明度为50%

c. 视频透明度为0%的效果如图7-13所示。

● 侦测系数：我们将这条指令拆开来讲解会更清晰些，因为在这条指令中有两个地方可以做不同的选择。如图7-14所示，表示侦测到在“角色”（或“舞台”）上的视频“运动”参数（用0～100表示动作幅度的大小）。

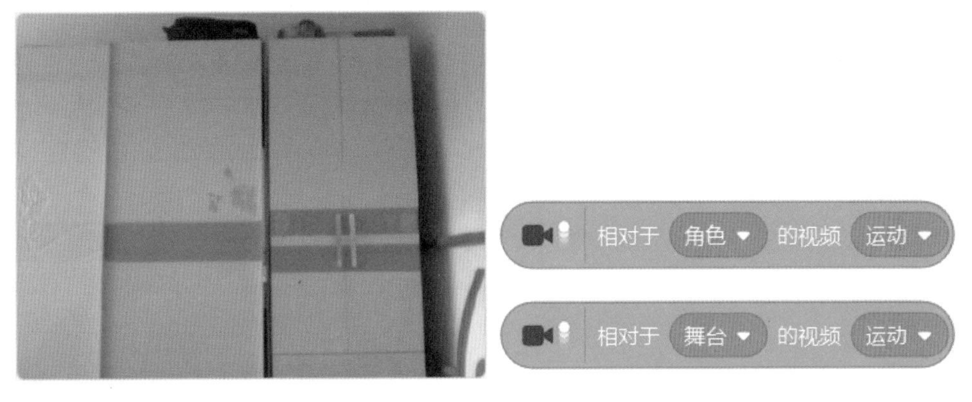

图7-13　视频透明度为0%　　图7-14　相对于角色或舞台的视频运动

而图7-15则表示不但可以侦测相对于“角色”（或“舞台”）的视频“运动”，还可以侦测到视频“方向”（–180～180表示角度）。

图7-15　相对于角色或舞台的视频方向

7.2 设计角色

接下来我们看看都需要哪些角色。

角色1：红心

① 为了能主动地关闭摄像头，在背景上添加一个红心作为按钮（如图7-16所示）。如果这个红心角色被点击，就关闭摄像头。

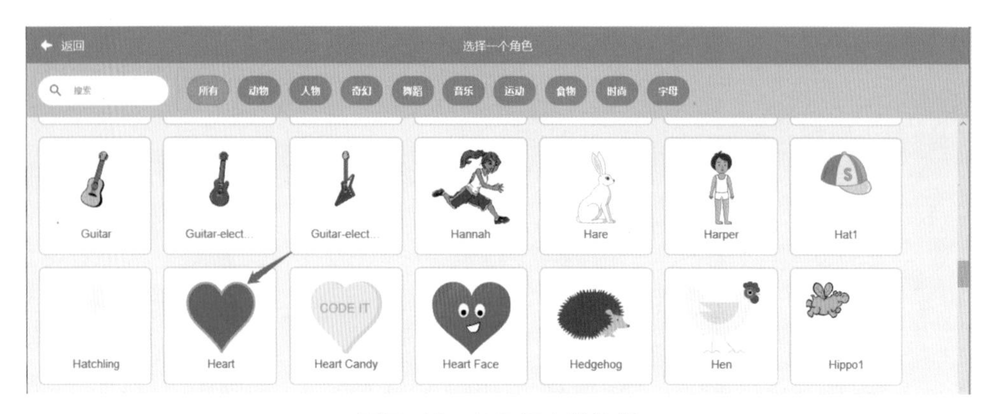

图7-16 角色红心的选择

角色2：西瓜（必备品）

② 西瓜在角色素材库的“食物”中可以找到（如图7-17所示），因此不必自己上传西瓜的图片了。

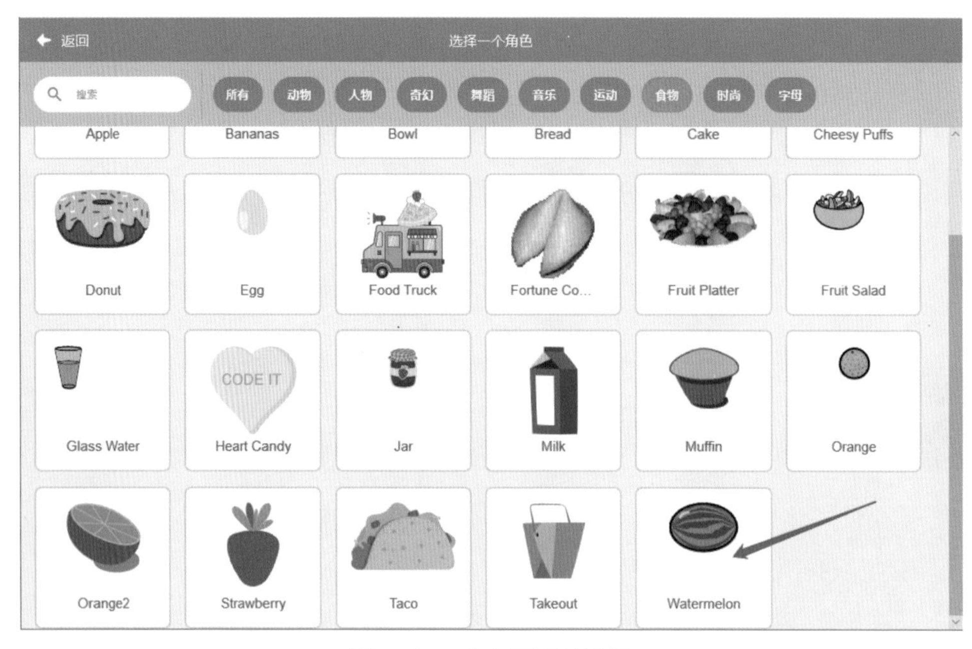

图7-17 角色西瓜的选择

西瓜的角色有三个造型，如图7-18左侧所示，分别是一个完整的西瓜、一个已经切了一半的西瓜和一小块西瓜的造型。

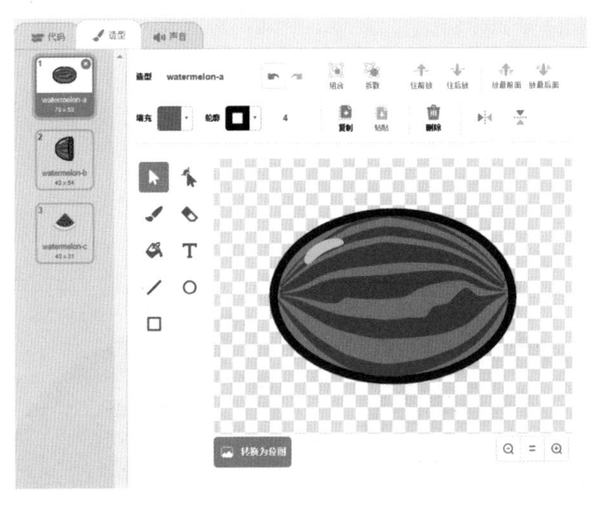

图7-18　角色西瓜的造型

③ 我们在玩切水果的游戏时，如果水果被切中就要变成两半。素材库中只有一个半块西瓜的图案，没有同时显示两个分开的半块西瓜的造型，所以需要我们在造型区内自己编辑绘画。

以西瓜的造型2（watermelon-b）为原型，它是半块西瓜，在绘图区内将鼠标移动到半块西瓜的地方并点击左键选中它（如图7-19所示），然后选择复制、粘贴。这时就会又多出来一个半块西瓜的造型。

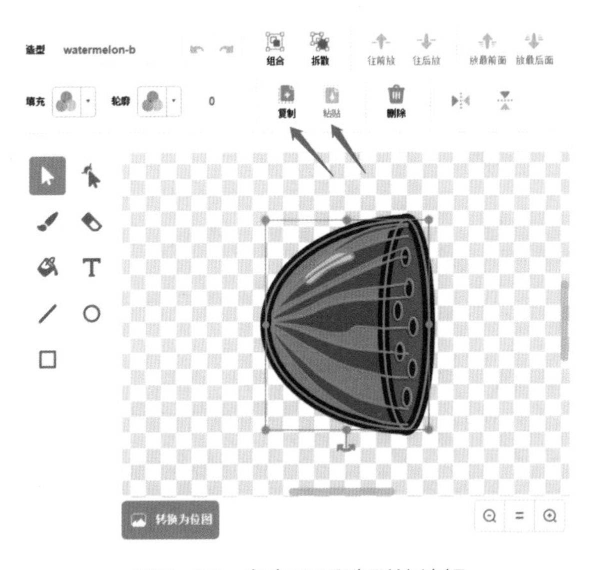

图7-19　角色西瓜造型的编辑

点击这个新的半块西瓜的造型，然后选择图7-19上方的水平翻转图标 ，再稍微调整一下角色大小，就得到了将西瓜切成两半的效果，如图7-20所示。

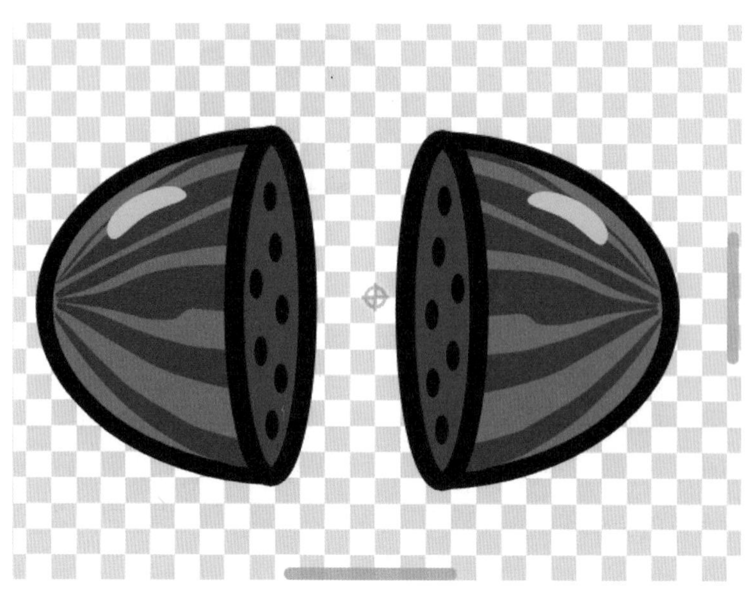

图7-20　西瓜角色被切成两半的效果

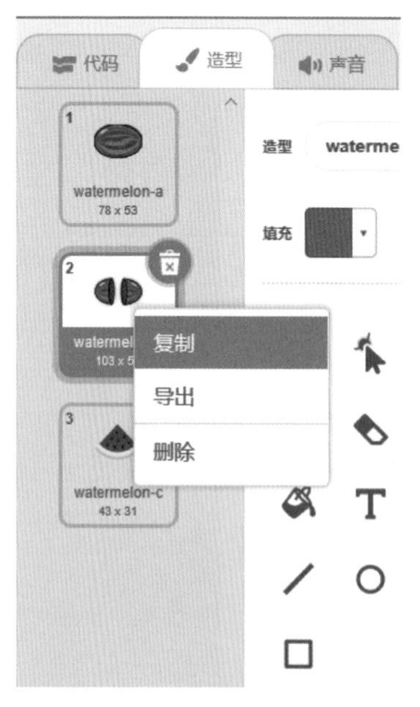

图7-21　复制西瓜造型2

④ 此时造型2（watermelon-b）的图形就成了两个被切开的半块西瓜，如图7-21左侧所示。因为在游戏过程中被切开的西瓜会逐渐变小，所以还需要复制造型2（如图7-21所示）并将图案变小后做成新的造型3（它的图形与造型2一样，只是整体变小了）。原来的一小块西瓜由造型3顺次变成了造型4。

按照常识，西瓜被切开后会倒地，所以需要在新的造型3图案的基础上进行旋转，变成新的造型4。方法是先选中半块西瓜，之后旋转一个角度（如图7-22所示）。

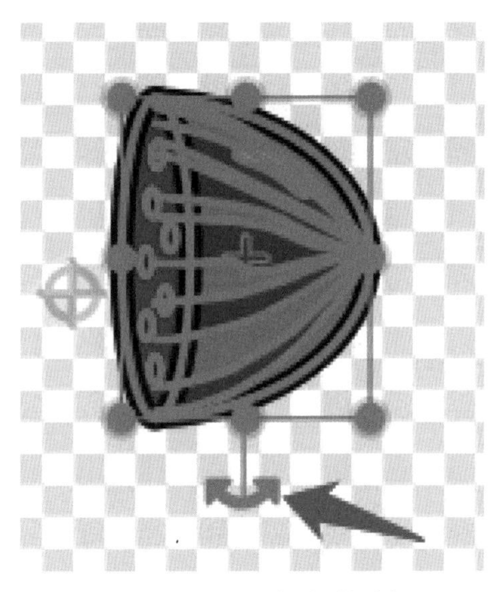

图7-22　西瓜造型3的编辑

通过对西瓜造型3的编辑，就得到了西瓜倒地的造型，也就是我们新建的西瓜造型4（如图7-23所示）。

⑤ 此时西瓜的造型已经做好了，有如下四个造型（删除了原先的一小块西瓜造型），如图7-24所示。

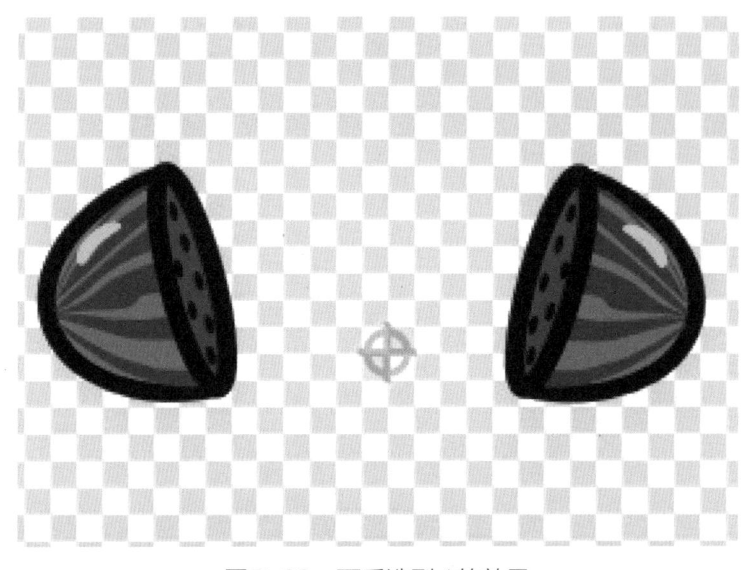

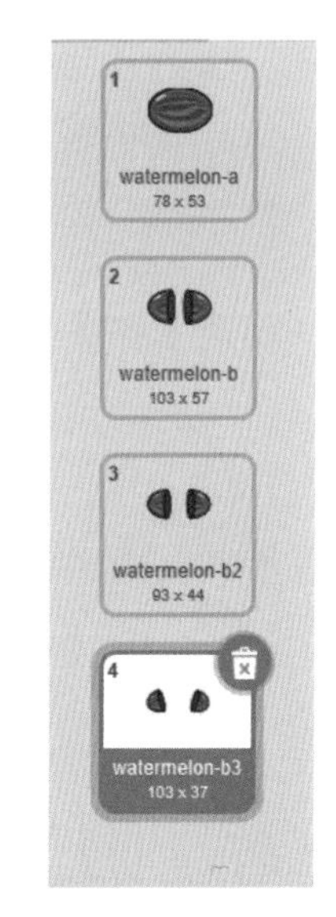

图7-23　西瓜造型4的效果

图7-24　角色西瓜最后的造型

7.3 编辑脚本

在设计完成了需要的角色之后，现在开始编辑脚本。

角色1：红心

① 在角色区添加红心是为了方便地关闭摄像头（当红心被点击时，摄像头关闭）。在前面的脚本程序中，通常当显示在舞台上方的绿旗图标被点击时程序开始执行，如图7-25所示是针对某个角色或背景的程序开始的地方。

而此时我们是希望红心这个角色被点击时关闭摄像头，因此需要为红心这个角色在事件积木块中选择“当角色被点击”这个指令，然后找到视频侦测中的“关闭摄像头”指令（如图7-26所示）。

图7-25 当绿旗被点击时的指令

图7-26 角色红心的脚本程序

如果没有这个操作，则摄像头一直处于开启状态，直到关闭游戏或者浏览器窗口。

角色2：西瓜

② 西瓜的程序比较复杂，考虑的情况较多，这时候我们要有耐心，仔细分析。

在玩切西瓜游戏时会有一个记录分数的变量，切中西瓜时加分。在这里，我们建立一个变量（如图7-27所示），将这个变量命名为“分数”（如图7-28所示）。

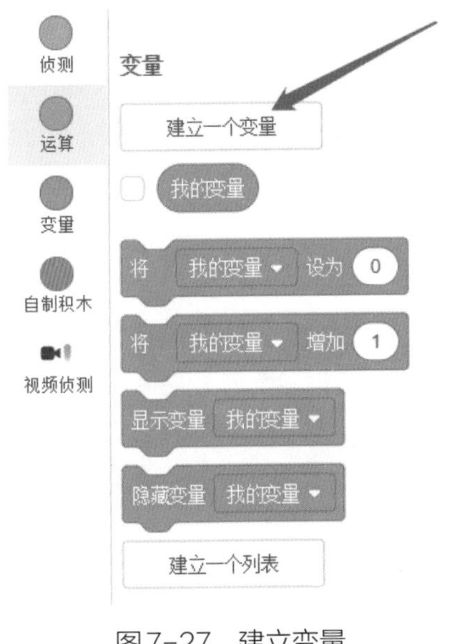

图7-27　建立变量

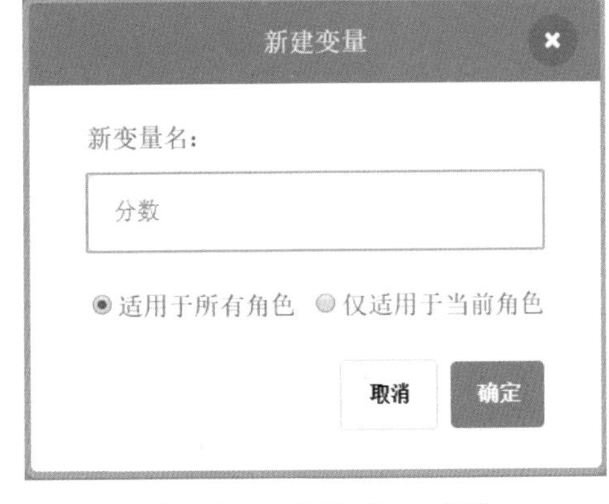

图7-28　新建变量-分数

③ 在切西瓜游戏中不可能只有一个西瓜在舞台区一直随意乱飞，一定是有很多西瓜从屏幕上方出现。那么如何出现很多的西瓜呢？

难道我们要在角色区内安排很多不同的西瓜，在脚本区内对应很多脚本吗？有没有“复制”这样的功能，可以复制出很多的西瓜，不停地从屏幕上方“飘落”下来，就像下雪一样？当然是有的。为此我们引入控制模块里的克隆指令（如图7-29所示）。

克隆就是复制自己。游戏中的任何角色都能使用克隆积木创建出自己的克隆体，甚至连舞台也可以使用克隆。从克隆发生的那一刻起，克隆体就继承了原角色的所有状态，包括当前位置、方向、造型、效果属性等。换句话说，就是又出现了一个完全一样的自己。

图7-29　克隆指令

为了使用克隆体，我们再系统地处理一下游戏中的一些设置。

④ 我们在编辑角色脚本时，都是

先设置各个角色的初始状态。同样，当绿旗图标被点击时对于整个游戏的初始状态而言就是要开启摄像头。可以在视频侦测的积木块中找到此指令（如图7-30所示）。

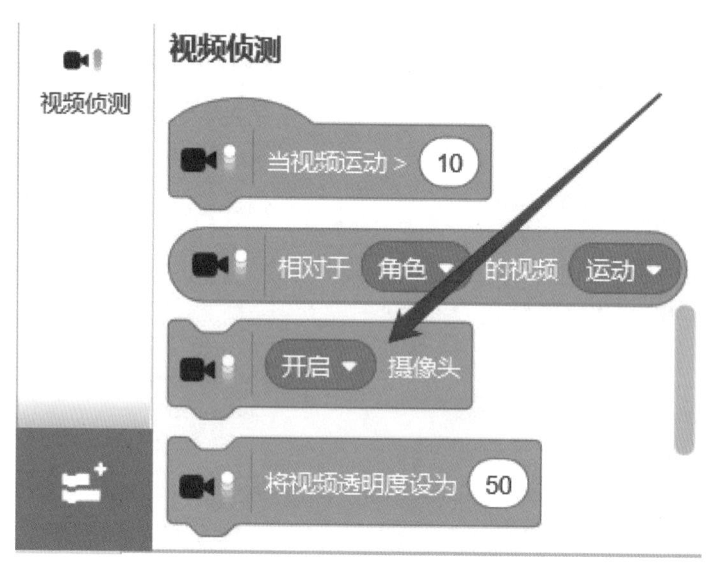

图7-30　开启摄像头的指令

⑤ 游戏刚开始时，设置切西瓜的分数为0（如图7-31所示）。

⑥ 西瓜刚刚出现时的造型是一个完整的西瓜，所以如图7-32所示，在切换造型的时候要在▼下拉菜单中选择watermelon-a造型。

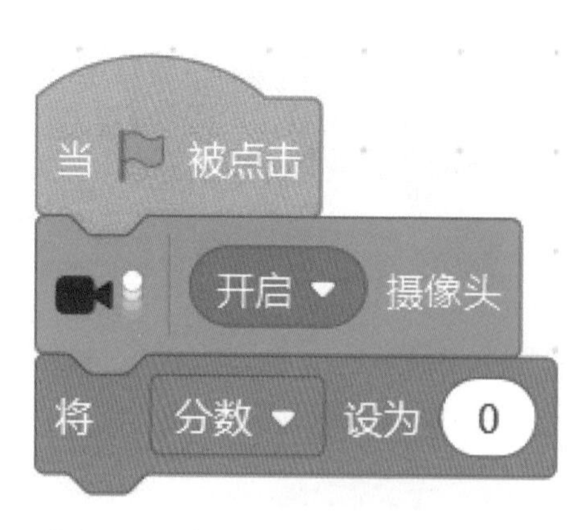

图7-31　切西瓜分数的脚本初始条件

图7-32　西瓜造型的选择

⑦ 第一个西瓜开始出现的时候是完整的，也是最大的，所以将大小设为100。图7-33给出了西瓜这个角色的初始化程序。

图7-33 角色西瓜的初始化脚本程序

⑧ 接下来开始克隆西瓜。在西瓜角色里选择“克隆自己”（如图7-34所示）。

在克隆的同时为了防止程序有不自然的停顿，应该有一个延时等待的指令（如图7-35所示）。

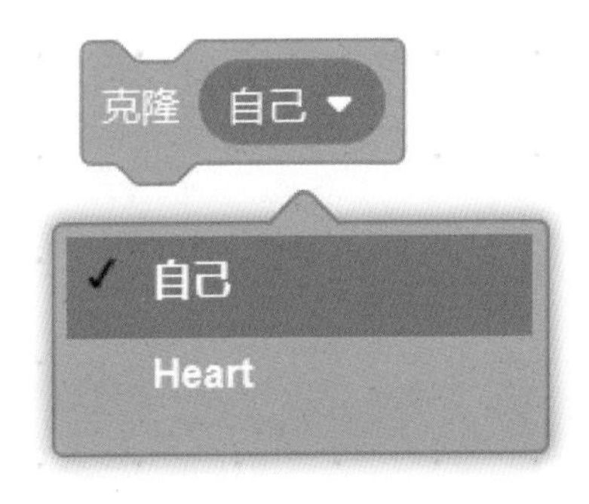

图7-34 “克隆自己”指令

图7-35 克隆一次的程序

如果只克隆一次，还不会达到我们切西瓜游戏的设计效果，所以需要不断地克隆。这时候我们又用到了“重复执行”指令（如图7-36所示）。

克隆西瓜角色的脚本完成后如图7-37所示。

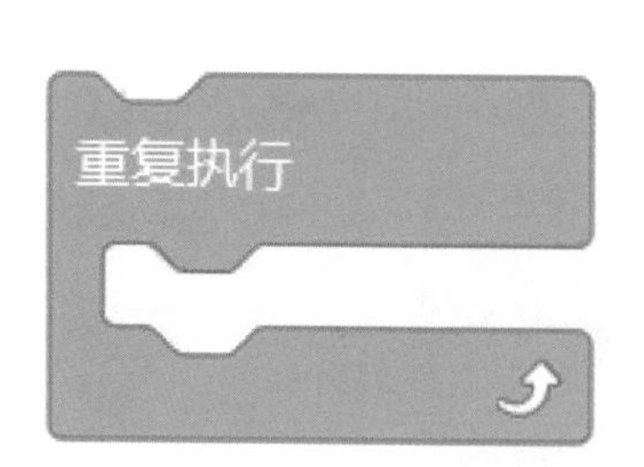

图7-36 “重复执行”指令

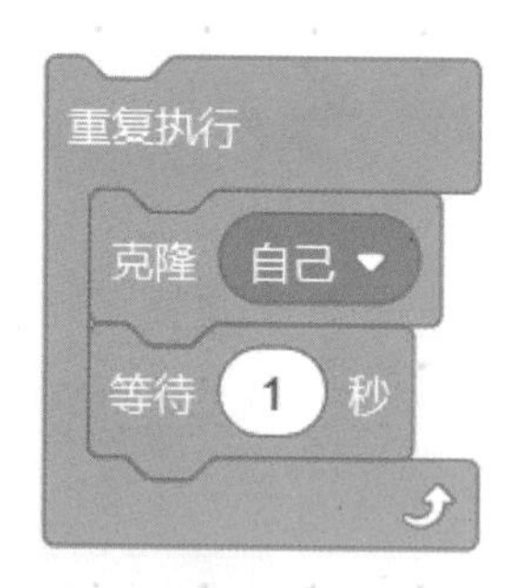

图7-37 克隆西瓜核心的脚本程序

将图7-33和图7-37这两部分连接起来，初始化和克隆部分全部完成，最终程序如图7-38所示。

图7-38 角色西瓜的克隆脚本程序

⑨ 克隆后的西瓜怎么办呢？应该是随意地就像下雪一样从屏幕上方“飘落”下来。这就需要改变西瓜在舞台竖直方向y轴上的大小，通过前面使用过的循环积木就可以实现。但是这次我们使用新的方法使西瓜“飘落”下来，即引入运动积木块的滑行指令（如图7-39所示）。

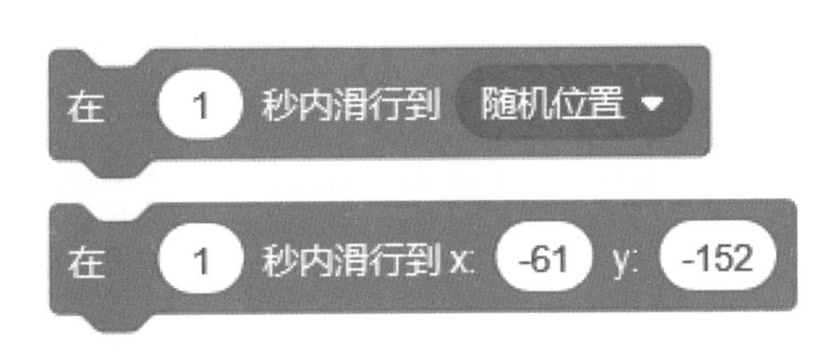

图7-39　滑行指令

这两条滑行指令分别可以使角色在1秒的滑行时间内滑行到随机位置，也可以滑行到指定的x、y值坐标处，当然滑行时间是可以改变的。滑行时间越小则滑行速度就越快。

利用滑行指令能够简化移动操作。像篮球或足球等球类飞出的抛物线，以及滑翔伞的动作都可以使用滑行指令表现出来。

⑩ 克隆后大量的西瓜图案从舞台的哪里出现？又移动到什么位置呢？我们干脆就让它们随机出现吧（如图7-40所示），这样才会有满天飞西瓜的壮观场景。

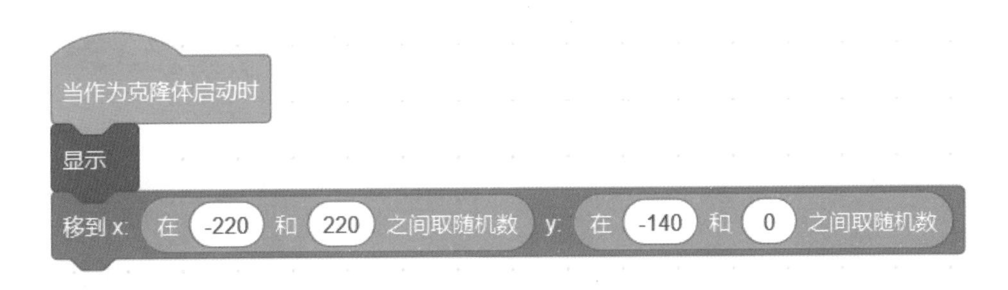

图7-40　克隆后的西瓜随机出现指令

⑪ 现在使用滑行指令让随机出现的西瓜首先飞到舞台的上方，然后再落下。我们规定西瓜滑行时Y轴从舞台上方的最大值（y：170）掉落到下面的最小值（y：–170），而X轴上的值只是在一定范围内的随机数（如图7-41所示）。

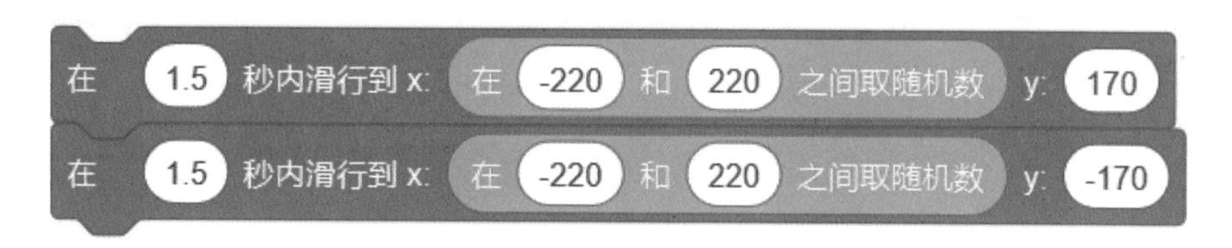

图7-41　角色西瓜滑行时的坐标范围

⑫ 当西瓜落到屏幕下方（*y*：–170）时将会等待一段时间，如果还没有被切开就要删除这个克隆体西瓜（相当于这个西瓜消失了）。

到此为止，完整的克隆西瓜随机出现的脚本程序就完成了，如图7-42所示。

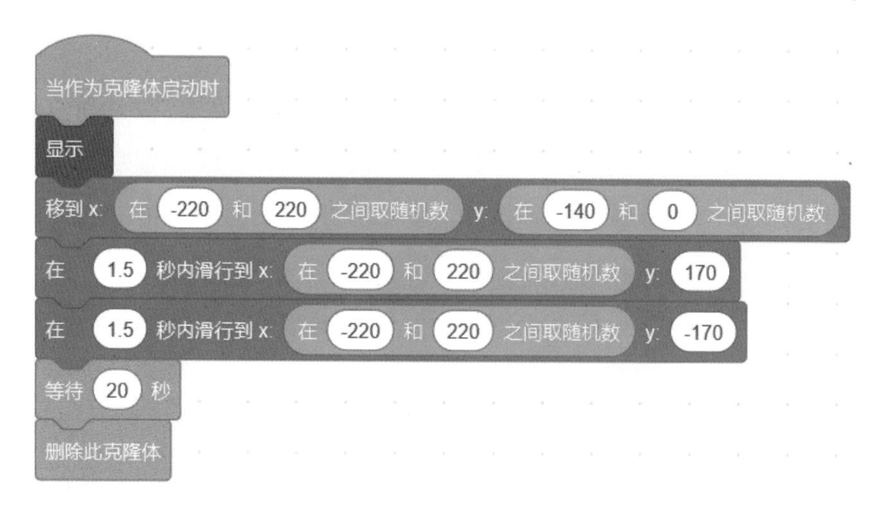

图7-42　克隆西瓜随机出现的脚本程序

⑬ 现在开始编写切西瓜的程序，这才是重中之重。如何才能判断出是否切了西瓜呢？此时，视频侦测模块将派上用场。

如图7-43所示，我们如果使用“当视频运动＞……”这条指令会怎么样呢？

通过这条指令的形状就可以看出它只能作为程序的开始，就像点击绿旗图标时的指令一样。因此我们应该使用视频侦测积木块中的“相对于角色的视频运动”这条指令来侦测方向和动作，如图7-44所示。

图7-43　“当视频运动＞……”指令

图7-44 “相对于角色的视频运动”指令

把它放到一个条件语句中去判断角色的运动，所以还需要指令“如果……那么……”指令（如图7-45所示）。

⑭ 切西瓜的程序也是针对克隆体的，所以要有“当作为克隆体启动时”指令（如图7-46所示）。

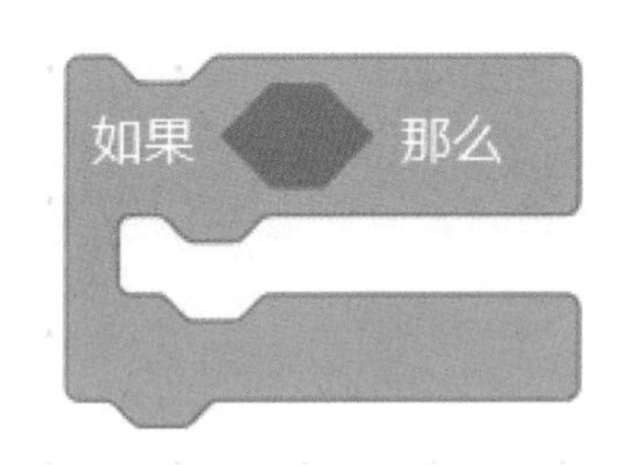

图7-45 “如果……那么……”条件指令

图7-46 “当克隆体启动时”指令

西瓜在舞台区飞舞的同时还要有角色造型的切换（整瓜或者半个瓜），需要重复执行。在每次执行时有一个条件语句作为支撑。当角色的视频运动指数大于20并且造型编号为1（即完整的西瓜）时才成立，如图7-47所示。

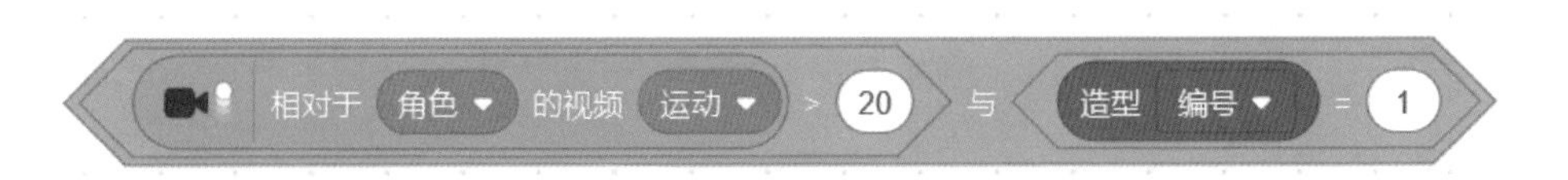

图7-47 角色西瓜视频运动指数与造型编号的指令

在这里用到了逻辑“与”（就是“并且”的意思）的知识，在前面章节中已经有了说明，需要的话可以翻看前面章节阅读。

在角色的视频运动上我们判断是否大于数值20，这个值相当于我们的手指靠近游戏中某个西瓜的指数。这个数越大就相当于靠得越近，越小就相当于离得越远。如果等于0就意味着手与当前的西瓜离得较远而相互无关，也就是完全没有切到当前这个西瓜。

⑮ 将此指令插入到条件语句里，结果如图7-48所示。

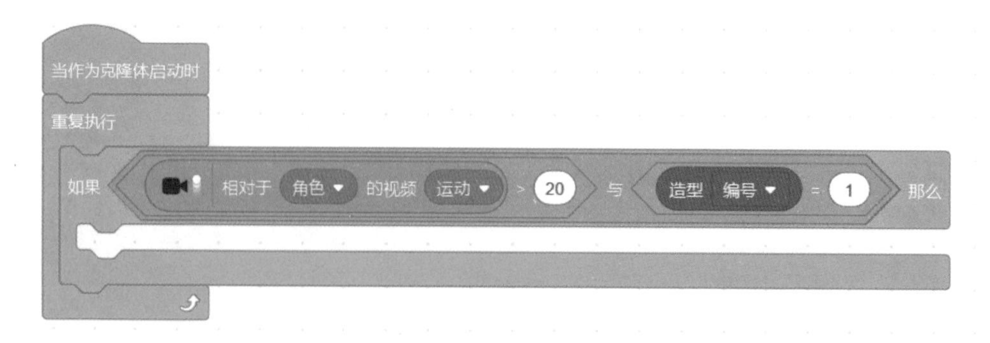

图7-48　切西瓜动作的条件指令

⑯ 再为游戏设置一个切西瓜的声音就更好了。如果没有找到合适的声音，那么可以在声音区内进行编辑（如图7-49所示），也可以在声音库里选择（如图7-50所示），这里我们选用Bite2声音。

图7-49　声音区的编辑

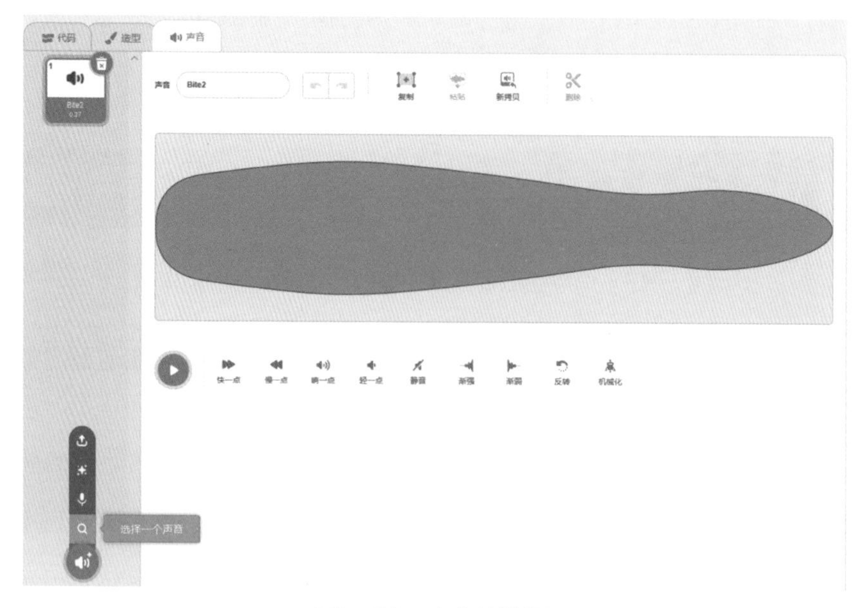

图7-50　声音的选择

⑰ 想一想游戏中还差什么场景。把一个完整的西瓜切成两半之后就变成了造型2；等待几秒后西瓜越来越小，变成了造型3；最后变成造型4。而每成功切开一个西瓜我们就把变量“分数”的值增加5。这样，切西瓜游戏的最终程序就完成了，如图7-51所示。而图7-52给出了一个在游戏过程中的画面，可以看到摄像头拍摄到的游戏参与者用手切西瓜的镜头。

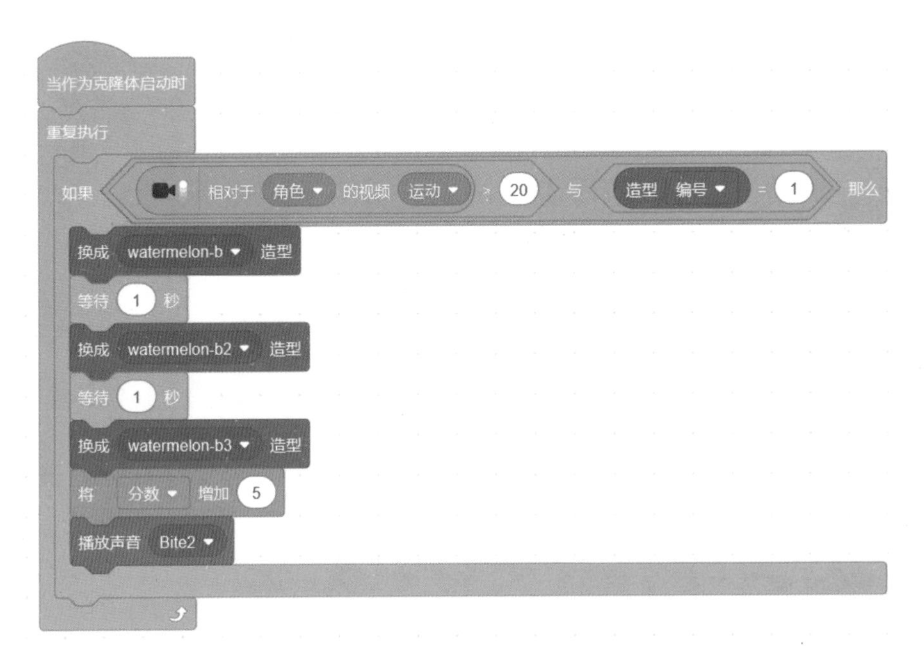

图7-51　切西瓜的动作脚本程序

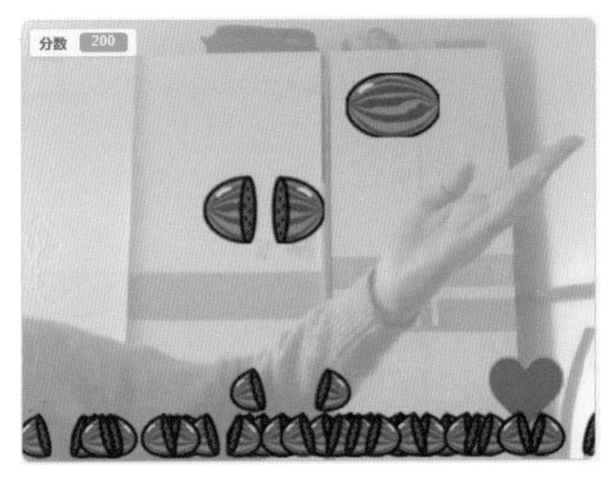

图7-52　游戏过程中的一个画面

当然，小朋友们对程序中的一些地方可能还没有完全理解，也可能在完成了程序编写后在执行时出现各种问题。这没有关系，一定不要着急，要慢慢调试。可以一条一条地添加语句并不断调试，也可以向老师、家长请教或者通过网络提出自己的问题并寻求答案。

小伙伴们，开始玩起来吧。后面还有更有趣的内容需要大家来挑战呢。

我们也希望借此机会做一个小结。前面我们设计了很多程序，其实写程序最重要的就是如何把一个大问题不断分割成小问题。我们必须思考如何把程序指令合理地安排在整个脚本区，流畅地输入、运算、处理、循环执行直到输出，最后结合到舞台区的角色上。这对提高我们的逻辑分析能力大有帮助。还有就是编程序的时候不要怕出错，它是我们成长过程中的必经之路。可以通过删除或者修改脚本中的某个积木块来逐步调试程序并最终解决问题。

扫一扫

答案

1. 在体感游戏“切西瓜”中需要检测人的手部动作。Scratch 3.0是通过什么模块来完成这一任务的?
2. 如果希望画面中有很多西瓜在不停地下落，如何实现这一场景?

8

第 8 章

用Scratch操控机器人EV3

Scratch
3.0
CODING

8.1 介绍机器人EV3

在第1章中我们谈到了Scratch编程的优势，也提及了Scratch编程和机器人编程的区别。现在很多机器人素质教育和竞赛的硬件都会使用LEGO EV3（简称为机器人EV3）。那么什么是LEGO？什么是LEGO EV3呢？

LEGO的中文名字是乐高，乐高公司创立于1932年，位于丹麦，名称来自丹麦语“LEg GOdt”，意为“play well”（玩得快乐）。乐高积木是儿童喜爱的玩具，在教具与课程研发中心的探索下衍生出乐高教育的独特学习理念和教学指导，涉及科学、技术、教学、设计、社会学等。

1998年1月，LEGO MINDSTORMS RCX智能程序块和Robotics Invention System在伦敦的现代艺术博物馆发布。2006年8月，LEGO MINDSTORMS NXT在美国推出，随后在世界范围内推广。2013年9月，第三代乐高机器人LEGO MINDSTORMS EV3在全球推出。我们现在用的就是第三代机器人EV3，如图8-1所示。

图8-1　乐高EV3机器人

较新一代的LEGO头脑风暴系列的EV3是2013年由LEGO公司开发的机器人。机器人是用程序来控制的，机器人的大脑和思维分别就是控制器和程序，机器人的运动通过电机来执行，机器人的五官就是各种传感器。

EV3需要应用编程知识来实现对机器人硬件的控制。对于一个机器人而言，它的整体是躯壳，编写的程序就是它的思维。在学习编程的时候应该更加注重过程，重要的是孩子在编程过程中的创意。我们通过Scratch软件强大的功能将程序的代码模块化，通过搭积木的方式实现在游戏中学习。在程序以及机器人的设计、修改、合并及完善的过程中，小朋友们可以很好地锻炼逻辑思维能力、创造力和团队协作能力，这也是Scratch软件升级的初心所在吧。

现在我们将EV3机器人和Scratch软件结合起来。首先看看EV3机器人的组成。

（1）EV3（可编程的程序块）

EV3程序块如图8-2所示，可以看作是机器人的控制中心和供电站。因为它长得像砖块，所以名字就叫作“Brick”，它是整个EV3机器人的“大脑”。

图8-2　EV3程序块

有了这个“砖块”并配合其他乐高积木的连接件和各种传感器，EV3就可以变成想要的各种造型。这个EV3程序块还配备有高分辨率的黑白显示屏、内置扬声器、USB端口、miniSD读卡器，此外还有四个输入端口和四个输出端口。它可以通过USB、蓝牙和Wi-Fi与计算机通信。

（2）大型电机

图8-3是大型电机的实物图。它是一个强大的智能型电机，有一个内置转速传感器，分辨率为1°，可实现精确控制。

图8-3　大型电机

通过使用内置的转速传感器，可利用它控制机器人匀速直线前进，或者让机器人的动作更加精准有力。大型电机是机器人的基础驱动力，在EV3机器人中发挥着四肢的功能。

（3）中型电机

图8-4所示为中型电机，它和大型电机一样包含一个分辨率为1°的内置转速传感器。但是它比大型电机要更加轻小，反应更迅速。因此中型电机非常适合低负载、高速度的应用，以及在机器人中需要更快的响应速度和更小的配置的情况。

图8-4　中型电机

表8-1是大型电机和中型电机的几个性能指标的对比，在使用时可以参考。

表8-1　大型电机与中型电机的性能指标对比

性能指标	大型电机	中型电机
转速 /（r/min）	160 ～ 170	240 ～ 250
旋转扭矩 /（N • cm）	20	8
失速扭矩 /（N • cm）	40（更低但更强劲）	12（更快但弱一些）

（4）颜色传感器

如图8-5所示，当有不同的颜色或光线强度进入到传感器表面的镜头时可以被检测出来。颜色传感器有三种工作模式，分别是颜色模式（可以区分八种不同的颜色）、反射光强度模式和环境光强度模式。因为不同颜色的反射光线是不一样的，所以我们可以开发一个沿着线路行走的机器人，用不同颜色的线路代表去往不同的地方或者完成不同的动作。

（5）触动传感器

触动传感器如图8-6所示，它可以检测到传感器上的十字红色按钮是否被按压或者接触到了其他物体，还可以对按压次数进行计数。它能够对三种情况做出反应，分别是按压、松开、碰撞（按压之后再松开）。因此利用它可以通过编程创建启动/停止控制系统，可以作为EV3机器人的手臂。

图8-5 颜色传感器

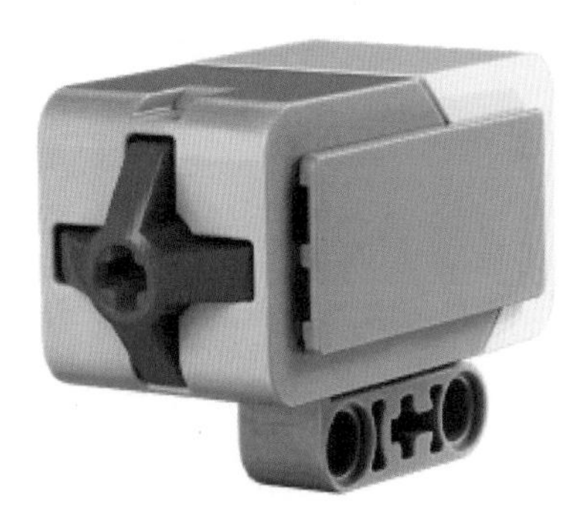

图8-6 触动传感器

（6）红外传感器

红外传感器如图8-7所示。如果前方有物体存在，它就能够检测到被前方物体反射回来的红外线，因此它可以用于检测前方是否有障碍物。它也可以读取EV3的远程红外信标发出的信号，因此可以远程控制机器人。它的功能与能够利用遥控器打开的电视或空调一样，相当于EV3机器人的眼睛。

（7）远程红外信标

它是与EV3的红外传感器配合使用的，样子如图8-8所示。它发出的红外信号可以被红外传感器接收到，因此远程红外信标通过向EV3机器人的红外传感器发送信号，就可以遥控EV3机器人的控制器。

图8-7 红外传感器

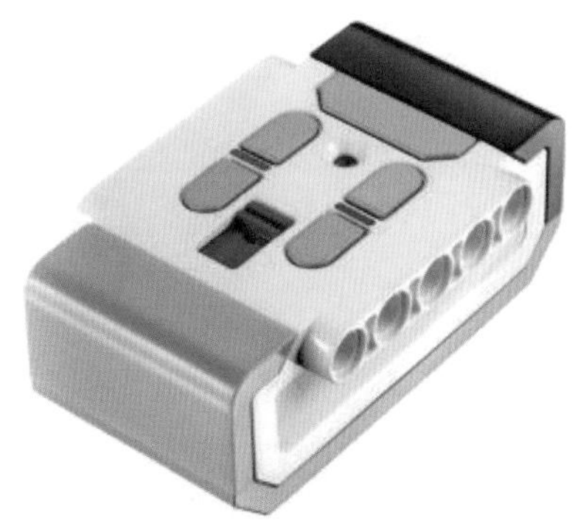

图8-8 远程红外信标

（8）超声波传感器

它能够发出超声波并检测到被前方物体反射回来的信号，以此来测量它与前方物体之间的距离，如图8-9所示。超声波传感器有很多用处，例如利用它可以测量车辆之间的距离，因此在汽车车身的前后左右一般都装有很多超声波传感器。

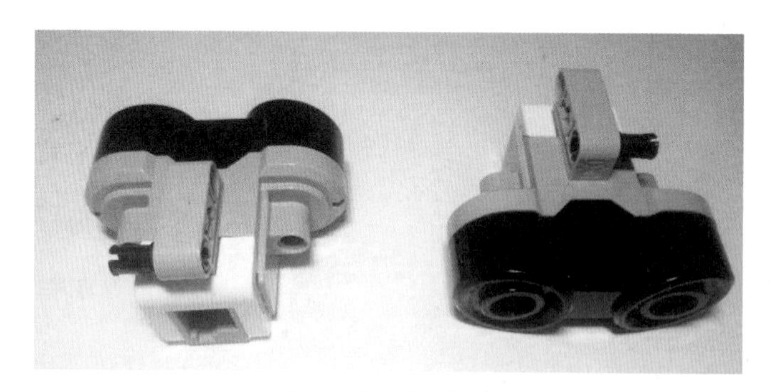

图8-9　超声波传感器

（9）陀螺仪传感器

如图8-10所示，陀螺仪传感器可以测量机器人的转动角度和方向的变化。

图8-10　陀螺仪传感器

（10）主要端口

图8-2所示的EV3程序块有多种端口能够与LEGO EV3机器人的各个传感

器、电机以及计算机进行连接。图8-11（a）是EV3程序块正面下方的端口，图8-11（b）是EV3程序块后面下方的端口。

(a) EV3程序块正面下方的端口

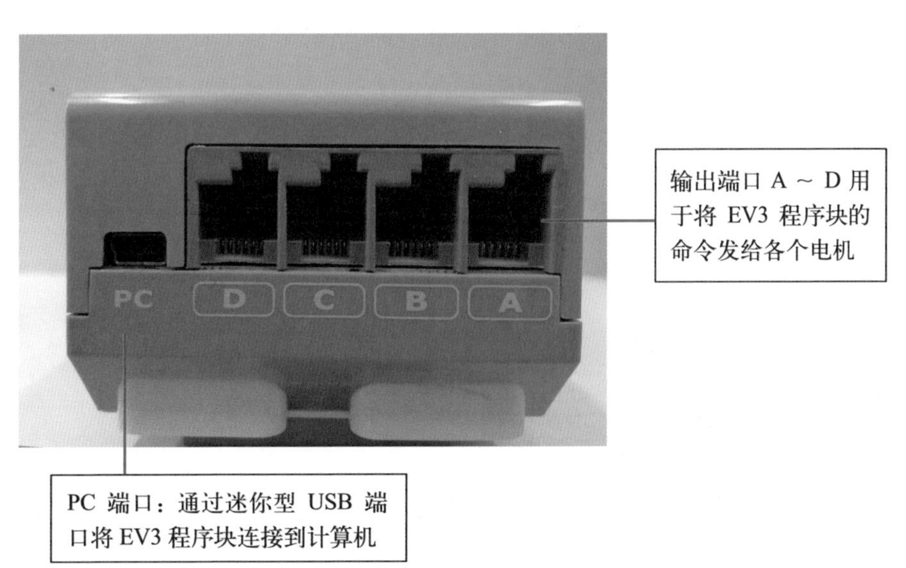

(b) EV3程序块后面下方的端口

图8-11　EV3程序端口

此外EV3程序块还有一个USB主机端口和一个SD卡端口，如图8-12所示。USB主机端口可用于添加一个USB Wi-Fi适配器以连接到无线网络，或将最多四个EV3程序块连接到一起。SD卡端口可插入SD卡扩展EV3程序块的可用内存（最多支持32GB）。

图8-12　USB端口和SD卡端口

（11）其他设备

机器人如果需要发出声音就要使用扬声器（如图8-13所示）。所有来自EV3程序块的声音都要通过扬声器（包括任何用于对机器人编程的声音效果）发声。可以在对机器人编程时打开扬声器：取出声音文件并用EV3软件将其编程到机器人中。

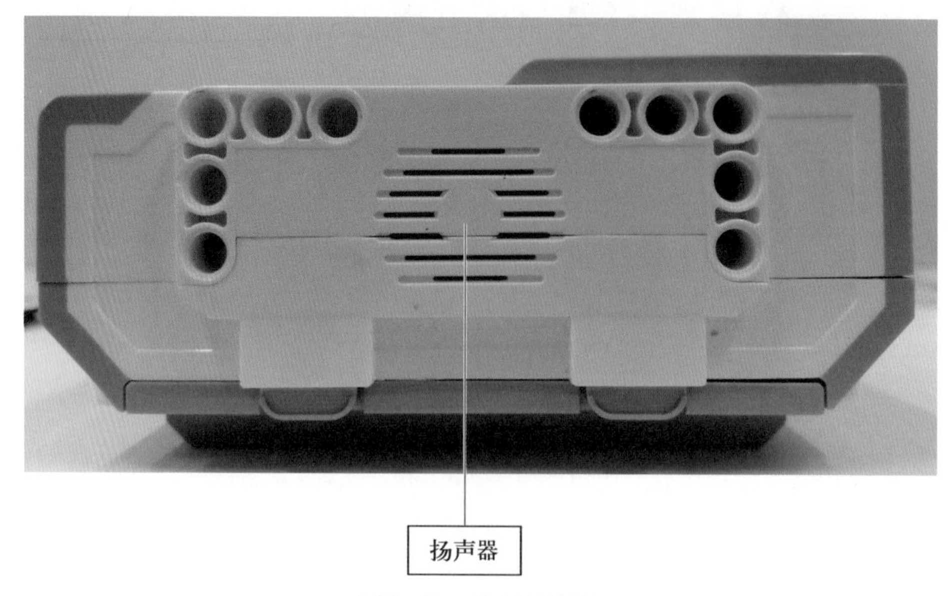

图8-13　EV3扬声器

8.2 在Scratch中激活EV3

前面章节提到Scratch 3.0可以更好地支持外部硬件，并能够与乐高MINDSTORMS EV3机器人相兼容。这一结合是将有趣的动手实践体验与创造性的编程探索相结合，使得通过Scratch软件来控制一个实际的EV3机器人成为可能。接下来，我们开始在Scratch中连接EV3。

① 打开Scratch 3.0软件，在代码区里的积木块中寻找有关EV3的指令，但是却发现没有，所以我们需要在页面左下角添加扩展（如图8-14所示）。在添加扩展里找到EV3并点击激活它，如图8-15所示。

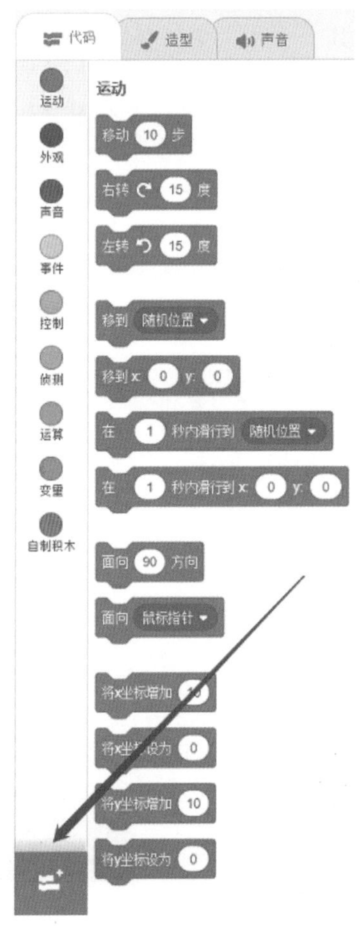

图8-14 添加扩展

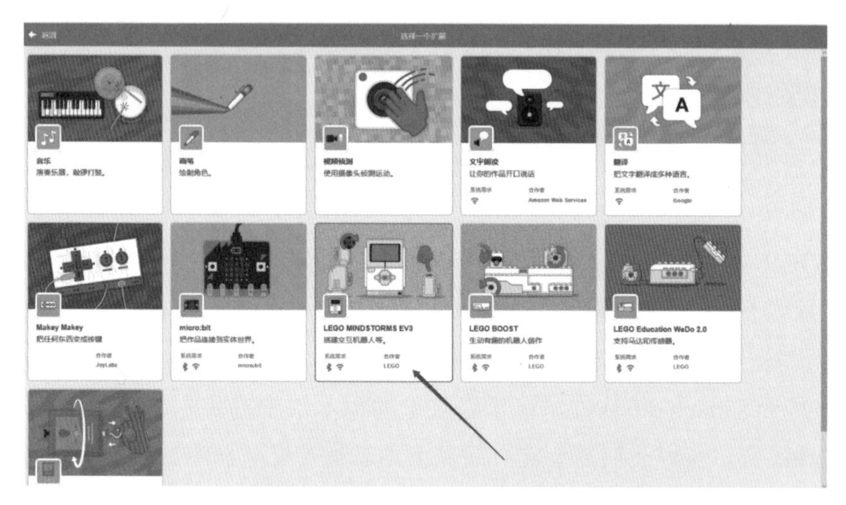

图8-15　添加扩展-LEGO MINDSTORMS EV3

② 选择扩展EV3的模块，点击进去后会出现如图8-16所示的提示。

图8-16　激活EV3的准备工作

③ 如果还没有打开EV3的蓝牙功能就请先打开。如果Scratch Link没有安装，可以点击“帮助”按钮，在随后出现的界面中点击“直接下载”（如图8-17所示）。

图8-17　选择驱动安装系统

④ 在下载完成后解压压缩包 windows.zip 。然后点击应用程序进行安装，在出现的界面里点击“Next”（下一步）直至安装完毕，如图8-18所示。

（a）点击“Next”（下一步）

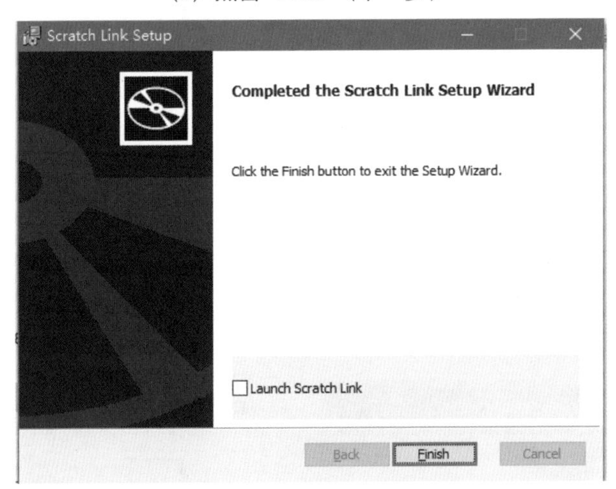

（b）点击“Finish”（完成）

图8-18　安装Scratch Link

⑤ 此时在电脑的Windows系统的工具栏里观察是否存在新增加的Scratch Link 图标。确认以上的步骤完成后，打开电脑的蓝牙装置（如图8-19所示）。

⑥ 紧接着开启EV3程序块并按住中间的按钮不放，直到找到EV3的设备名称并完成连接，步骤如图8-20所示。

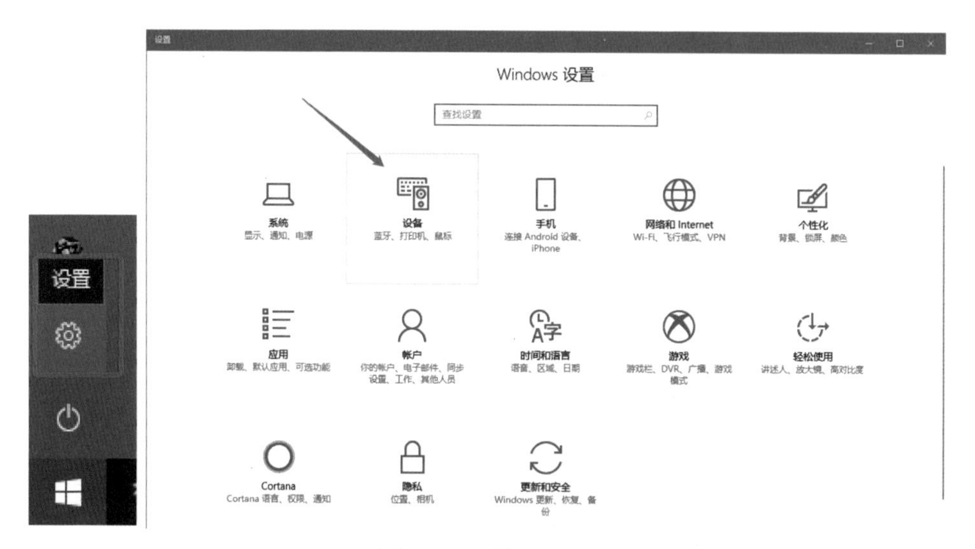

图8-19 蓝牙设置

(a) 找到相应的 EV3 名称

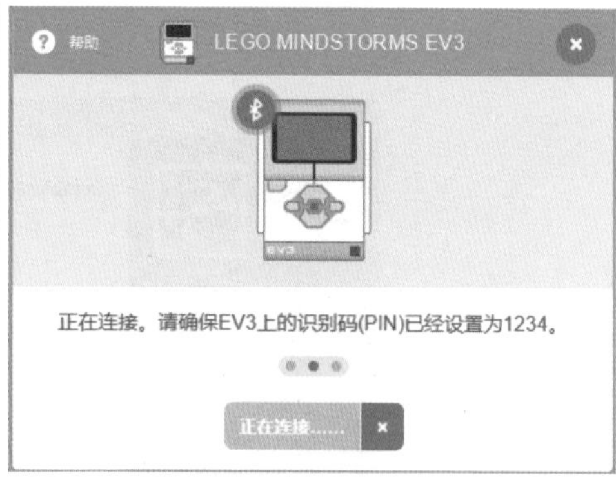

(b) EV3 正在连接

(c) EV3 连接成功

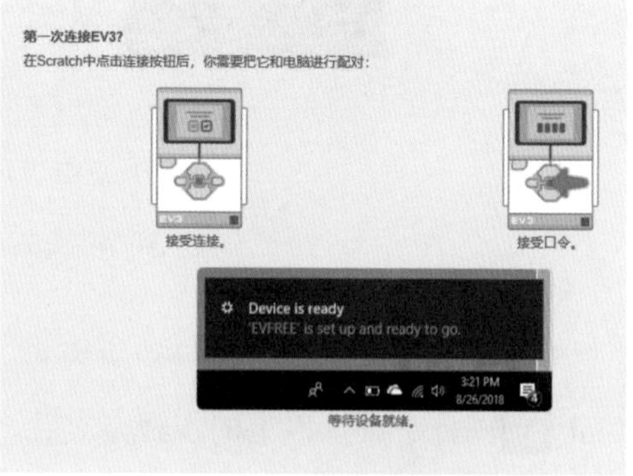

(d) EV3 工作就绪

图8-20 EV3成功连接

⑦ 至此EV3和Scratch已经通过蓝牙连接好了。现在在代码区左侧下面出现了LEGO EV3的指令，如图8-21所示，点击它就能显示出对EV3进行编程的各种代码，并且在右上角出现的对勾图案表示已经连接完成。

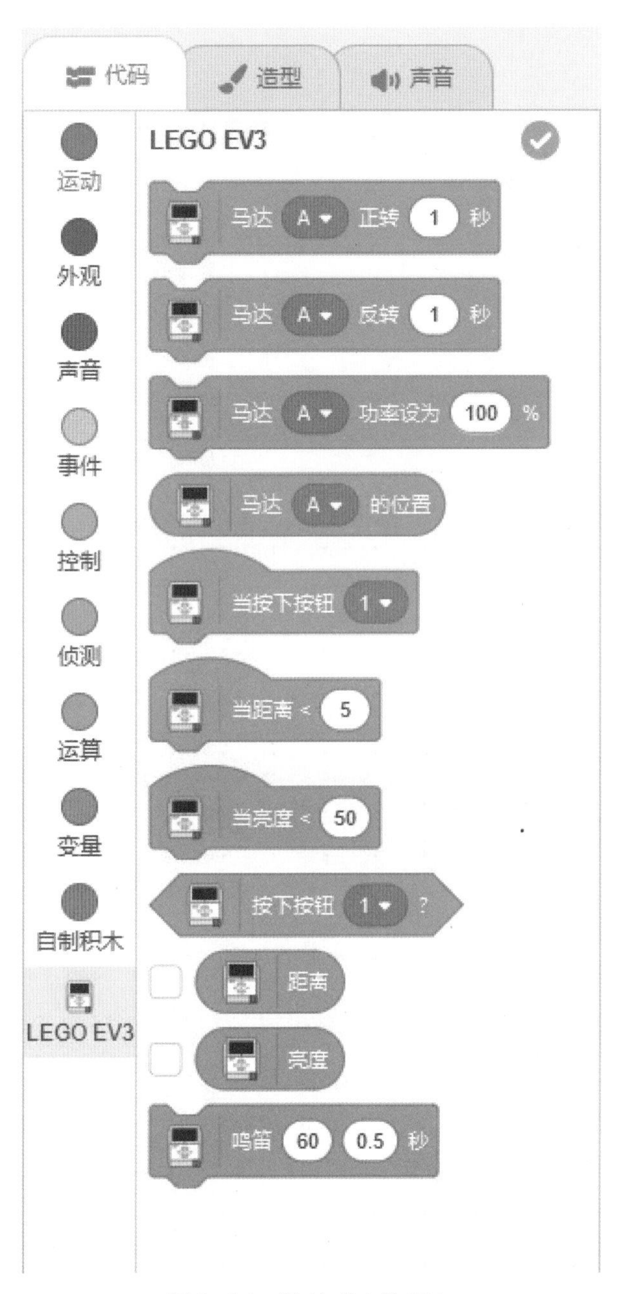

图8-21　连接成功的标志

⑧ 我们先来试着让马达[1]转动起来吧。如图8-22所示，将一个大型电机通过网线连接到EV3程序块的A口。

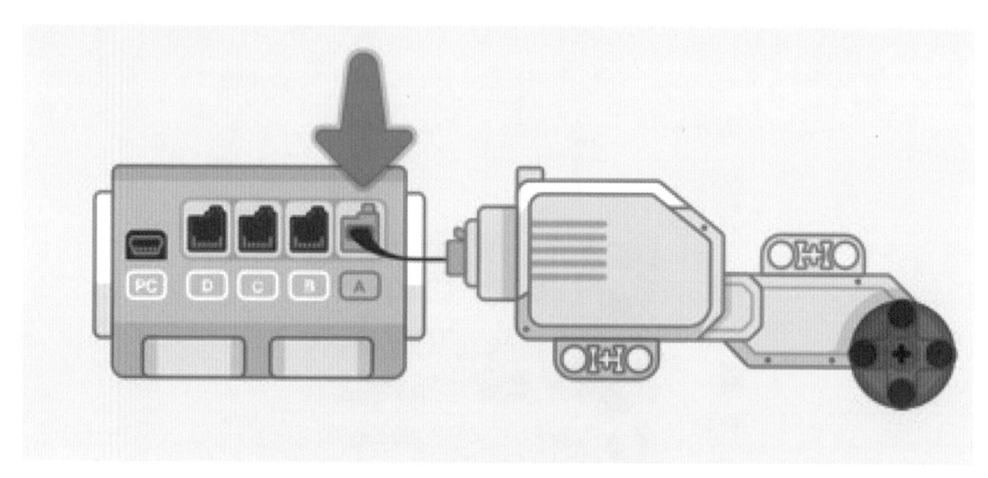

图8-22 电机与EV3程序块连接

现在在计算机里发出指令。找到Scratch软件代码区里的LEGO EV3积木块，从中找到让“马达A正转……秒”的积木指令（如图8-23所示）并点击一下，我们会发现电机真的在转动了。当然还可以再编写复杂一点的程序，也可以尝试一下其他传感器的使用。

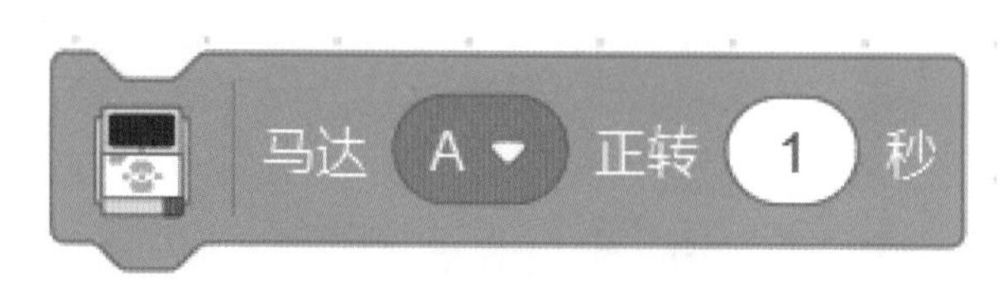

图8-23 马达转动的指令

此时我们已经确保电脑可以和EV3配对了。现在可以自己学习一下Scratch软件里给出的一些入门项目（如图8-24所示），了解一些基本操作。也可以直接进入下一节，一起学习组装并控制一个体操机器人。

---

[1] 马达，是“motor”的音译，即为电机。现已不常用此称呼，在Scratch代码中，马达即为电机。

图8-24　在Scratch中提供的与EV3结合的入门项目

8.3 制作体操机器人

我们经常可以看到运动健儿们驰骋在体操赛场上，动作精准有力，展现飒爽英姿。他们获得的每块奖牌都是自身常年辛苦锻炼的结果，非常值得我们尊敬和学习。

现在我们也来开发一个体操机器人吧。请按照下面的步骤进行。

需要的硬件：EV3程序块、两个大型电机、一个超声波模块，以及一些乐高小颗粒零件。利用这些就可以搭建一个体操机器人了，如图8-25所示。

机器人动作：运用大型电机的顺时针和逆时针旋转来带动机器人手臂的运动，让机器人做体操表演。

请参考图8-25利用准备好的EV3硬件完成体操机器人的组装搭建（读者朋友也可以自己设计搭建不同形状的机器人）。现在进行软件部分的说明。

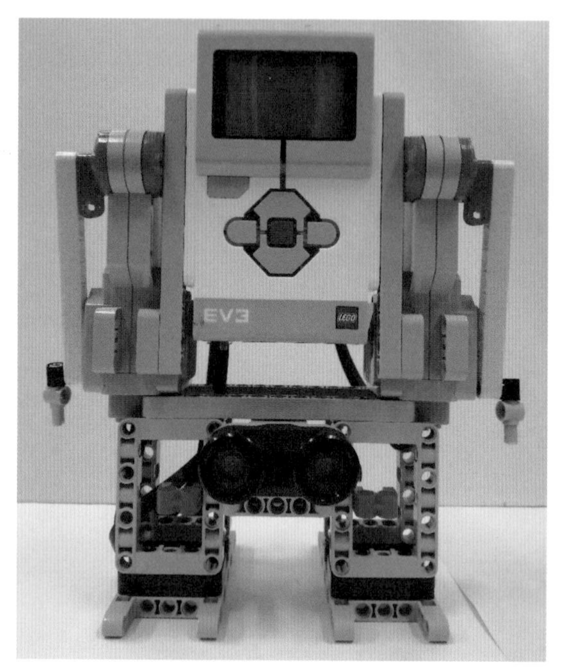

(a) 作品正面图

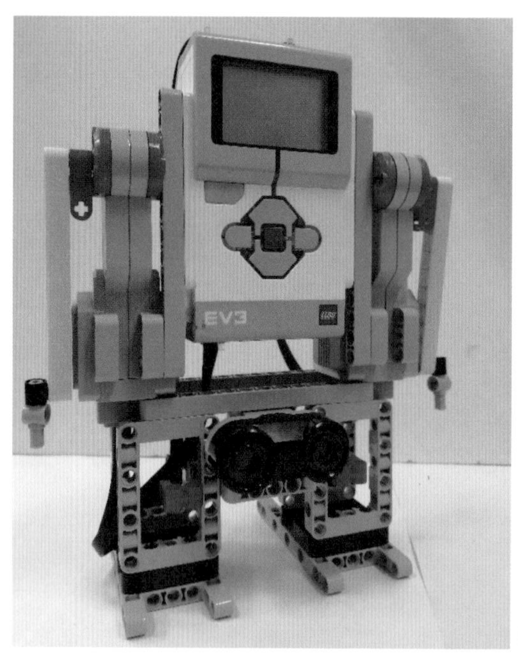

(b) 作品侧面图

(c) 作品背面图

图8-25 体操机器人的完成图

① 首先还是创建一个新项目，将默认的小猫角色删除。选择一个背景作为体操运动员的竞赛现场，在这里选择的背景是Baseball 1（如图8-26所示）。

图8-26 背景的选择

② 接下来选择一个运动员的角色，如图8-27所示，我们选择了Jordyn（当然也可以选择其他角色）。

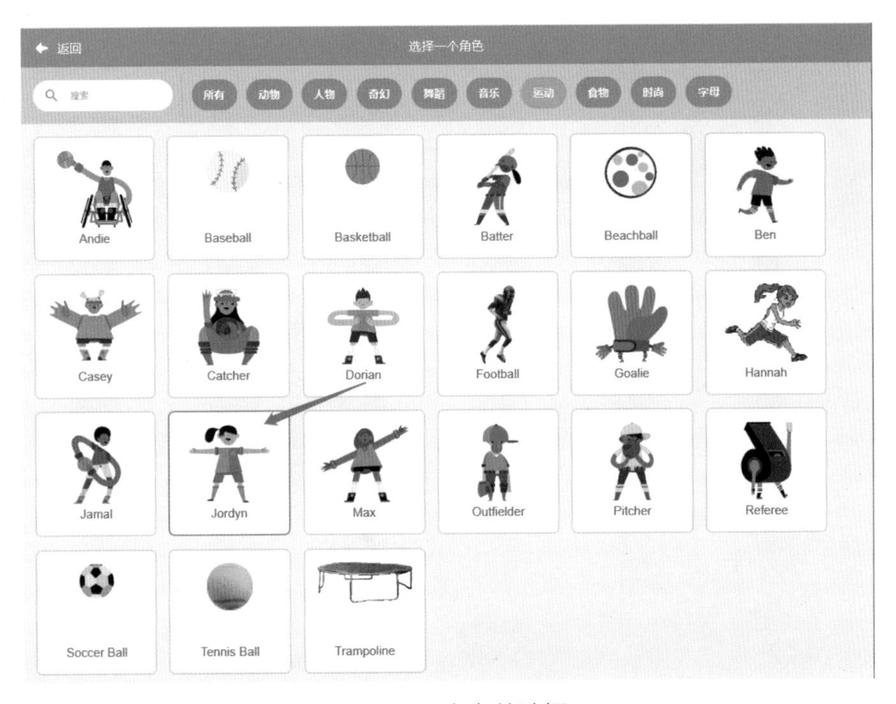

图8-27 角色的选择

我们将角色名称改为“运动员”（如图8-28所示）。

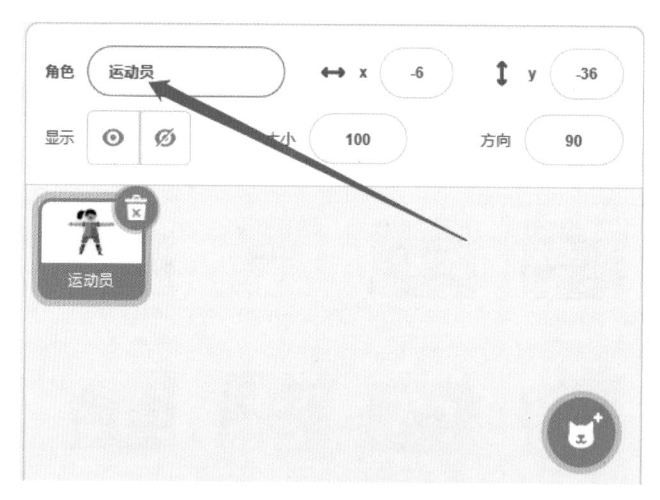

图8-28　角色属性-角色名称

③ Jordyn这个角色有四个造型（如图8-29所示）。我们为每个造型动作都对应地添加不同的声音，需要在声音库里进行选择（如图8-30所示）。我们依次选择了四种声音（如图8-31所示）。

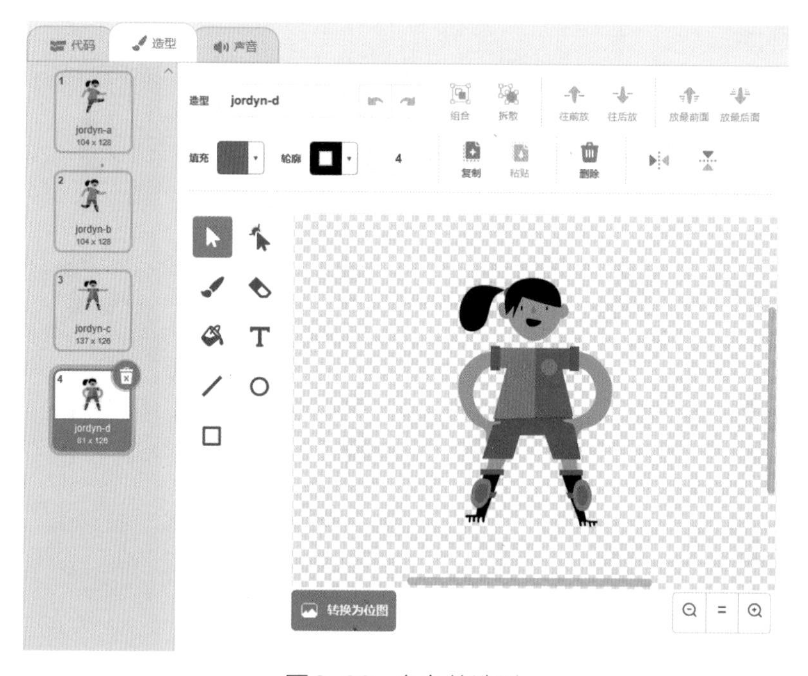

图8-29　角色的造型

图8-30　角色声音的选择

注意

我们可能希望一次性地选择四种声音作为每个角色造型的切换，但是Scratch软件只能一次选择一种声音。

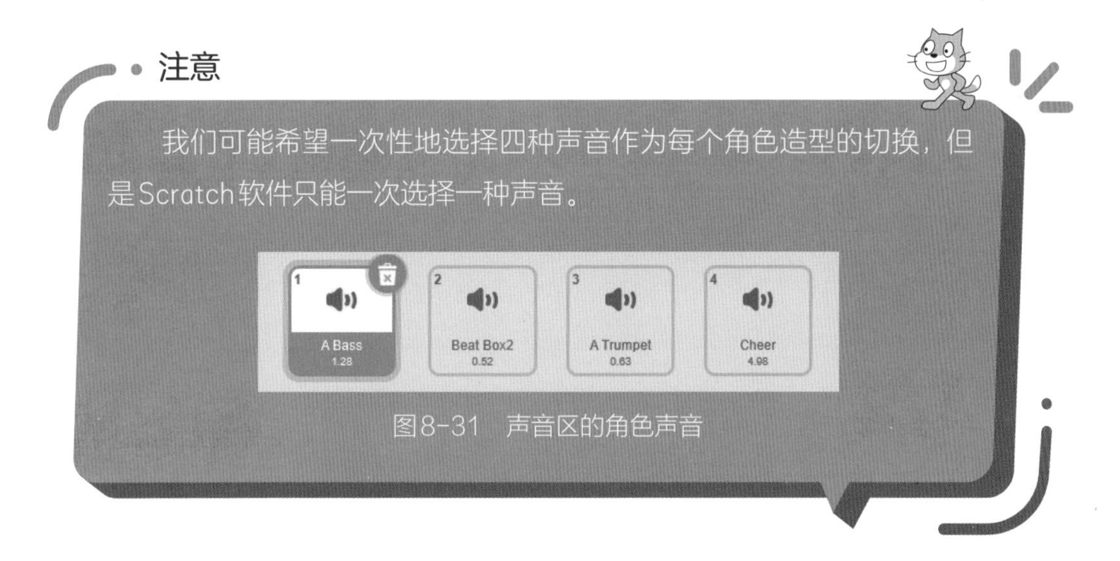

图8-31　声音区的角色声音

④ 现在到了编程的核心部分了。按照编程的习惯还是先设置初始条件，这需要结合EV3搭建的硬件机器人来进行设定。

我们用到了超声波传感器。传感器是一种检测装置，能接收外来的信息并能够将感受到的信息进行传输、处理、存储、显示。超声波的原理我们在前面提到过，主要是利用它测量距离。

当任一物体与EV3程序块的距离小于5时就开始切换造型，中间要有一个延时等待的过程，然后播放“Cheer”（欢呼）的声音以表示欢迎运动员（如图8-32所示）。

图8-32　脚本程序的初始条件

⑤ 接下来开始设计机器人的动作。因为我们刚刚开始学习，所以机器人的动作先设计得简单一些并且规定两个手臂同时动作。

使用图8-11（b）中EV3连接电机（马达）的端口A和D分别对应运动员的左右两只手臂。如图8-33所示，是对马达A的转动指令。

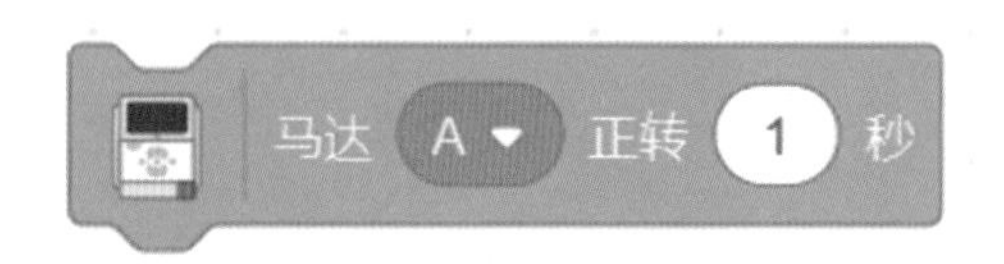

图8-33　对马达A的转动指令

在利用Scratch编程控制马达时要考虑马达的功率和转动时间。马达的功率代表着动作的快慢，功率越大旋转的动作就越快，反之动作就越慢。我们设定A、D这两个马达的功率都为50%，同时设定马达A、D都是反转0.25秒，如图8-34所示。

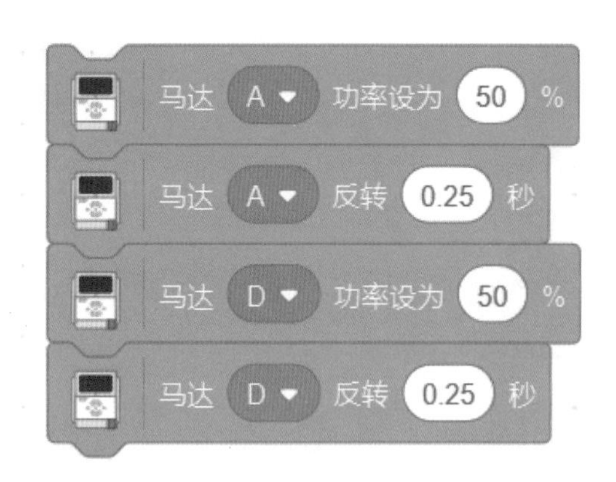

图8-34　体操机器人的手臂动作指令

在完成上述动作后就要转换到下一个造型并播放“Beat Box2”声音，如图8-35所示。

⑥ 接下来对于马达A，也就是一个手臂的运动进行编程：还是进行换一个造型、延时等待、播放“A Bass”声音，如图8-36所示。

⑦ 交替到马达D，也就是另一个手臂的动作，也是换一个造型、延时等待、播放“A Trumpet”声音，如图8-37所示。

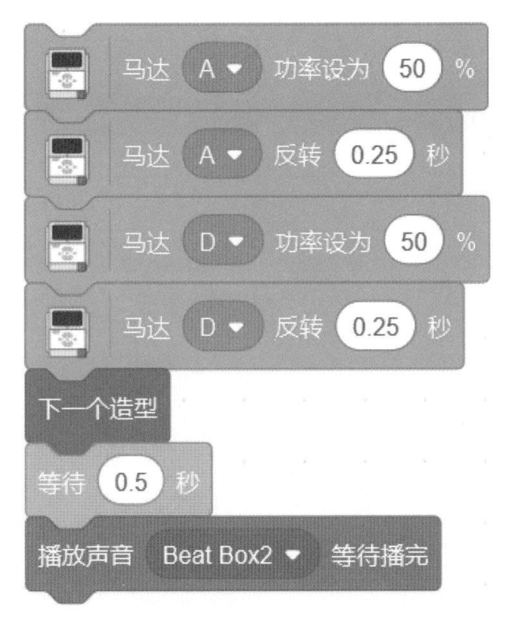

图8-35　体操机器人的动作表演指令

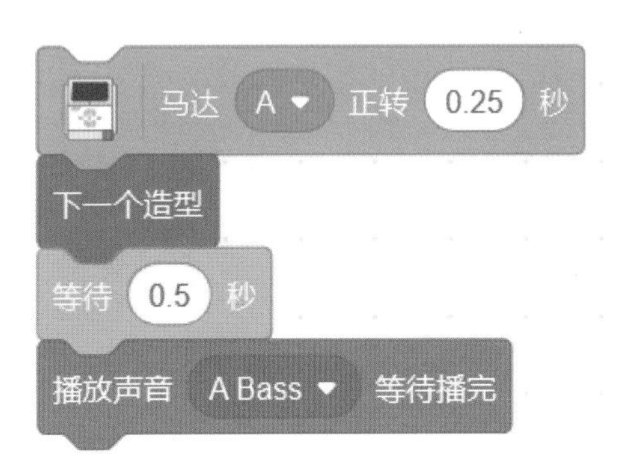

图8-36　体操机器人的一只手臂动作表演指令

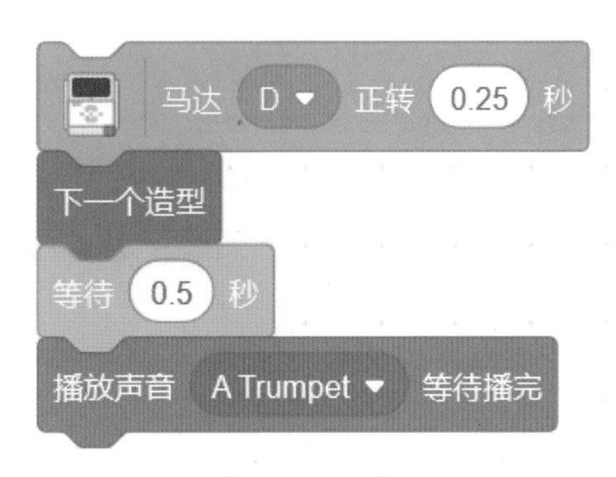

图8-37　体操机器人的另一只手臂动作表演指令

⑧ 全部动作完成后回到最初的造型（如图8-38所示）。

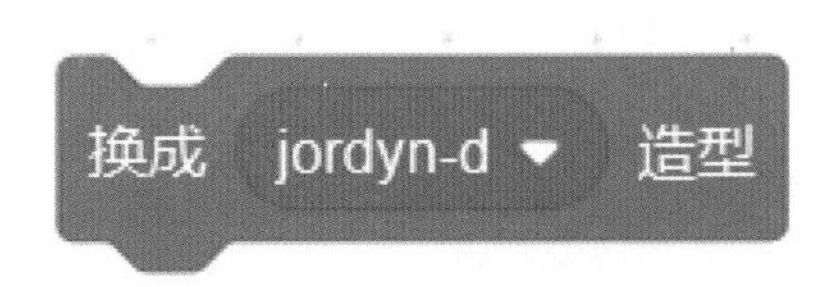

图8-38　指定造型的指令

程序已经完成，完整的程序如图8-39所示。

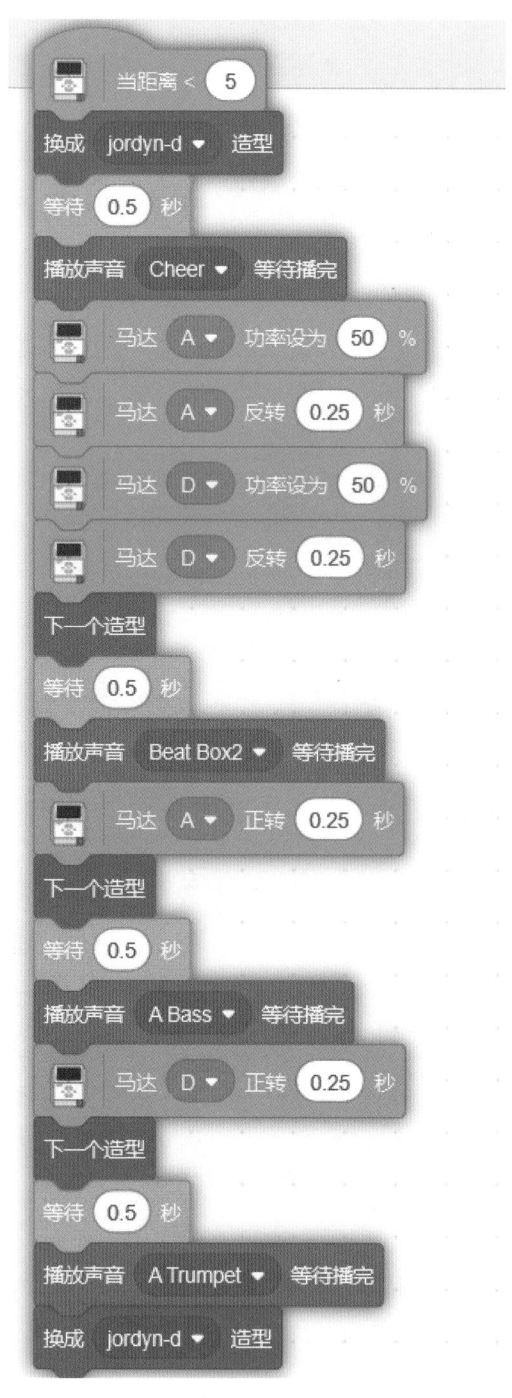

图8-39　体操机器人的脚本程序

舞台效果如何呢？图8-40就是现在的舞台效果。当我们用手靠近EV3体操机器人的超声波传感器的时候（也就是满足图8-32所示的“当距离＜5”），大家看看，机器人动起来了吗？再看看计算机屏幕，舞台效果是否也有相应的变化呢？

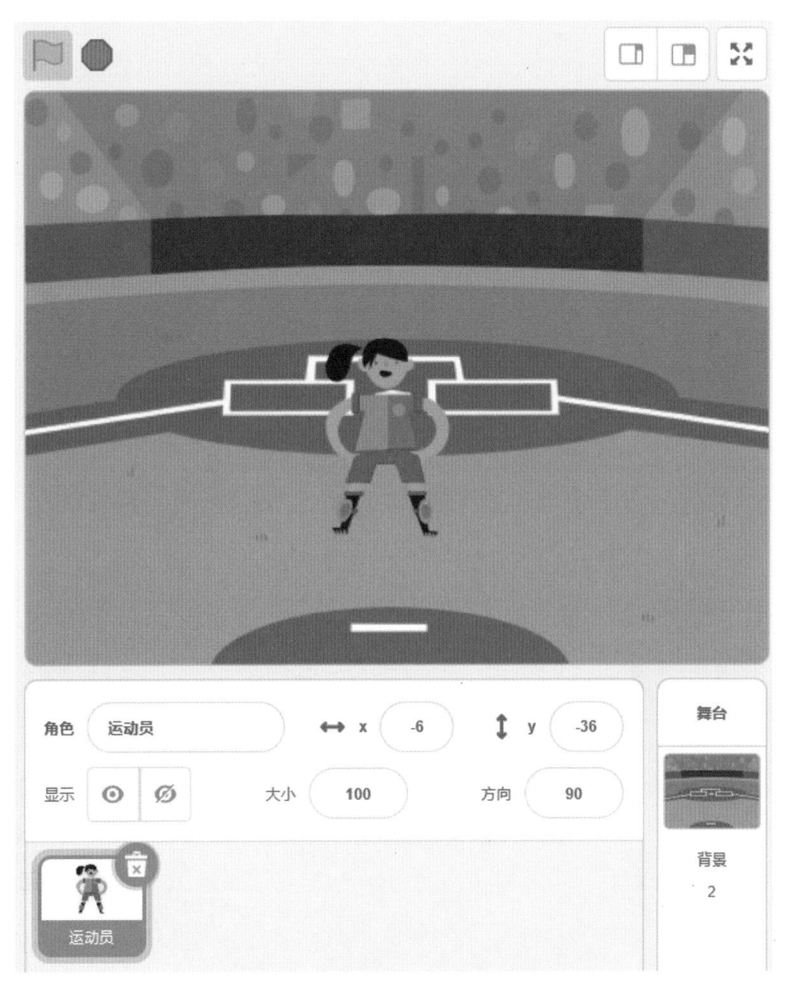

图8-40　体操机器人的舞台效果

小朋友们还可以设计更多、更有趣的动作。但是刚开始的时候不要太复杂，因为万一动作过猛就有可能造成机器人摔倒，甚至直接损坏硬件。

在本书的最后还是想和大家说一说，就是编程序的时候不要怕出错，它是我们成长过程中的必经之路。在利用Scratch编程时我们整理了下面这些经验可以供读者朋友参考。

① 有时候少想了一个地方，有时候想错了一个步骤或者数据写错了，都会使程序出现错误，稍微检查一下就会发现问题所在。随着编程经验的积累这类问题会越来越少。

② 如果编程时在逻辑上出了问题，就可能会使整个程序大乱，甚至自己都不知道问题出在哪里，这时就必须从头一点一点地去分析。所以在编程之前一定要将逻辑关系搞清楚。

③ 编程时要养成经常保存文件的好习惯。而当程序有较大变动的时候，还要将之前的老版本程序也保留下来以便进行对比分析。在学习时也要养成随时做笔记、经常写心得、定期做总结的好习惯。

④ 如果程序在执行时出现的错误实在无法解决，可以尝试为某个角色的程序脚本减去一些模块后观察结果。也可以在以前保存过的老版本程序基础上重新继续编程。还可以先闭上眼睛仔细想一下整个程序的流程和每一个角色的动作，然后再与自己编写的各个程序脚本做对比分析，这样还可以培养专注细心的好习惯。

趣味问答

1.EV3机器人的常用组件有哪些？

2.利用Scratch 3.0编程操控实体机器人时需要注意什么？

3.利用Scratch 3.0编程时有哪些经验可供参考？

答案

参考文献

[1] 戴凤智，袁亚圣，尹迪.Scratch3.0少儿编程从入门到精通[M].北京：化学工业出版社，2020.

[2] 李泽.Scratch高手密码[M].北京：中国青年出版社，2018.

[3] 程晨.Scratch编程入门与算法进阶[M].北京：人民邮电出版社，2019.